机器人探索

（第二版）

主　编　尹　超
副主编　何立新
执行主编　任　辉
参　编　于锡环　李　岩　刘月华

北京大学出版社
PEKING UNIVERSITY PRESS

图书在版编目(CIP)数据

机器人探索/尹超主编. —2版. —北京：北京大学出版社，2017.8
ISBN 978-7-301-28808-5

Ⅰ. ①机… Ⅱ. ①尹… Ⅲ. ①机器人－少年读物 Ⅳ. ①TP242-49

中国版本图书馆CIP数据核字(2017)第240287号

书　　名	机器人探索（第二版） JIQIREN TANSUO
著作责任者	尹　超　主编
责任编辑	温丹丹
标准书号	ISBN 978-7-301-28808-5
出版发行	北京大学出版社
地　　址	北京市海淀区成府路205号　100871
网　　址	http://www.pup.cn　　新浪微博：@北京大学出版社
电子信箱	zyjy@pup.cn
电　　话	邮购部62752015　发行部62750672　编辑部62704142
印 刷 者	北京大学印刷厂
经 销 者	新华书店
	787毫米×1092毫米　16开本　8印张　154千字 2010年9月第1版 2017年8月第2版　2018年5月第2次印刷
定　　价	47.00元

主编的话

北京大学附属小学机器人系列校本教材《机器人探索（第二版）》的出版发行，意味着我校机器人教育教学的研究又深入了一个新的层次。2010年，我校第一本机器人校本教材出版。几年来，老师们潜心钻研和深入实践，并结合机器人的新技术，在我校生命发展课程的指导下，依托相关科研课题的研究，将全新的机器人知识技术融入孩子们身边的具体案例中。在基于项目学习的活动中，引领孩子们学习机器人知识。

本书以贴近学生生活的案例活动来讲解如何用乐高 WeDo 2.0 搭建机器人。在搭建机器人结构和编写机器人程序的过程中，鼓励学生习得、融合、应用多学科知识，从而不断发现问题、解决问题，促进创新思维的提升。本书的出版不仅丰富了我校生命发展课程的内容，而且为新课程的实施创建了宽阔的空间，为培养学生的创新能力，全面实施素质教育提供了滋润创新的沃土，从而使机器人教育（信息技术教育）更全面地体现生命发展教育的内涵。

2000年，我校在北京市第一个将机器人教育引入学校。十几年来，机器人活动已成为我校科技教育的特色项目。我校始终坚持“以兴趣为根基、以课题为载体、以探究为方法、以合作为促进、以设施为保障”，开创北大附小具有特色的机器人课堂教学模式，不断开发完善具有本校特色的机器人校本课程，开设机器人、单片机等相关必修课和选修课，为学生的终身学习打下科学的基础。几年来，我校被教育部评为全国特色教育优秀学校、全国机器人教育基地校、中国少科院培养基地，被北京市教育委员会评为北京市学生金鹏科技团、北京市科技示范校、机器人基地校等。

机器人活动在老师们的努力和各方的大力支持下也取得了一定的成绩：世界杯机器人舞蹈项目冠军、机器人世界锦标赛金奖、全国机器人大赛金牌、北京市青少年创新大赛一等奖、北京市机器人大赛冠军、北京市金鹏科技奖、北京市科学建议奖等。

我校的机器人特色活动已经获得了一些经验，我们更希望机器人项目能成为培养学生的创新能力、与人合作等全面发展素养的重要途径，能够在我校更多学生中普及开展；同时，也希望与更多的学校分享并交流学习。

衷心祝愿孩子们在北大附小健康，快乐成长！

尹　超

2017 年 6 月

前　言

本书面向小学低中年级学生，以贴近学生生活的案例活动展开 WeDo 2.0 机器人的基础硬件和编程平台的学习。

在基于项目学习的基础上，每个活动以“学习、创造、探究、思考、分享、评价”为主线展开，引导孩子们在“学习”中了解活动涉及的相关知识，并运用所学知识在“创造”中搭建属于自己的机器人模型（本书中没有提供参考模型的搭建图，目的在于鼓励孩子们创造独具特色的机器人）。教师可以结合团队的创造，鼓励并引导孩子们进一步在“探究”过程中探索研究其发现的问题现象，进而“思考”所提出问题的结果答案与持续衍生。最后，教师可以借助不同平台、不同形式将团队的项目成果（包括团队在此活动中始终进行的相关记录、作品等）进行展示“分享”；同时，可以利用评价表对个人及团队在活动中的表现进行评价以促进共同成长。每个活动之后还有补充的“阅读”材料，目的在于激发孩子们继续探索研究发现创造的兴趣。

希望孩子们通过本书的学习发现、创新实践、分享合作、展示交流，于个人、于团队都能有所获有所得，真正得以发展成长。

编　者

2017 年 6 月

目　录

第①课 新鲜的 WeDo 2.0

学　习

WeDo 2.0 是什么？它是 LEGO Education 系列下的产品线之一，学生可以在电脑上直接编程和连线控制机器人的一款简单入门的套装（如图 1-1 所示）。

图 1-1　WeDo 2.0 套装

WeDo 2.0 包括了 280 个积木组件、1 个运动传感器、1 个倾斜传感器、1 个电机和智能集线器（Smart Hub）（如图 1-2 所示）。

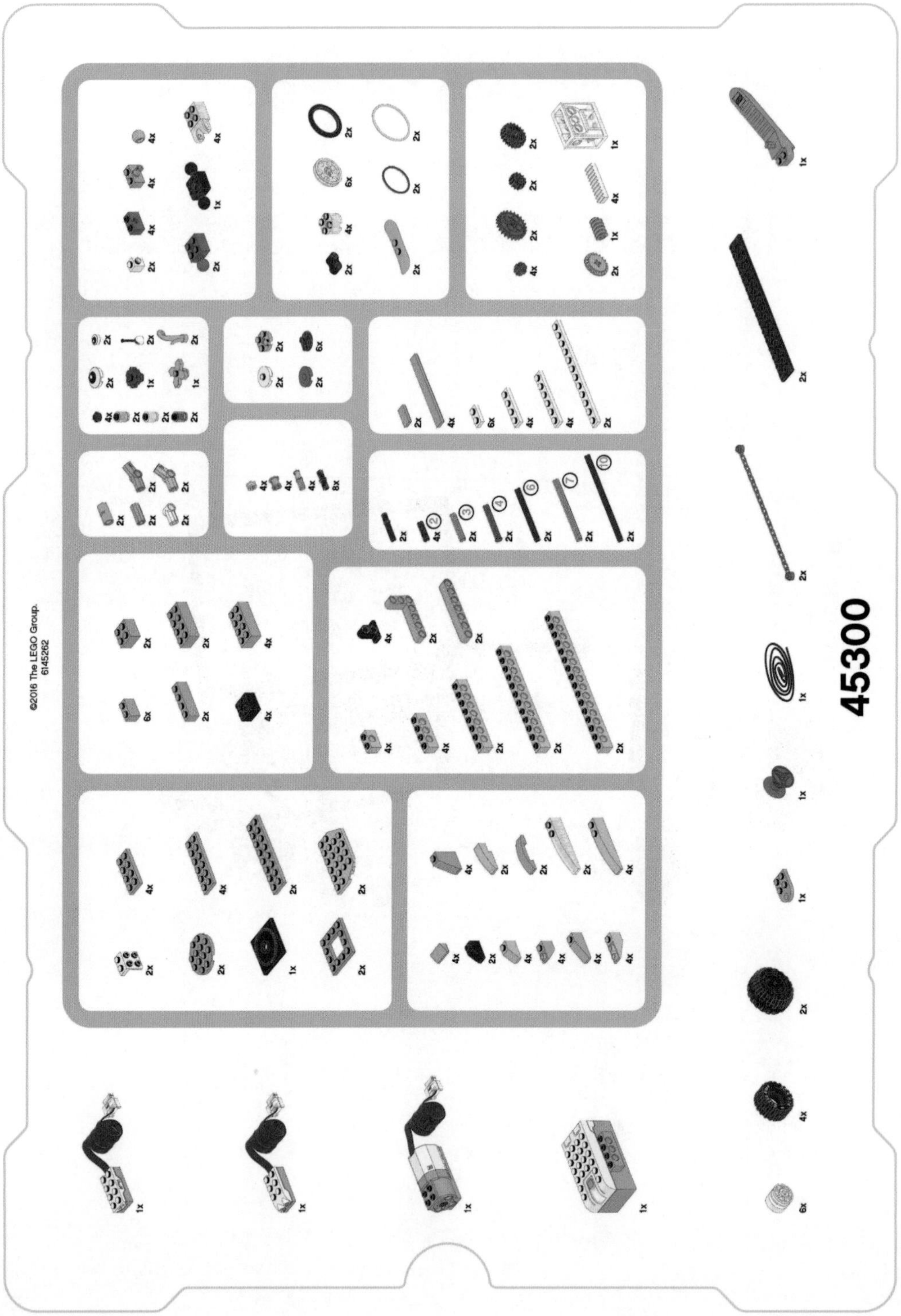

图 1-2 WeDo 2.0 零件清单

WeDo 2.0 通过乐高模型和简单的程序编写，鼓励和激发学生对科学、工程以及相关课程的学习兴趣。

（1）运用以前的基础可以搭建自己喜欢的小动物模型，如小鸟（如图1–3所示）。

图 1–3 小鸟

（2）还可以利用零件库中的智能集线器、传感器搭建麦乐漫游器（如图1–4所示）。

图 1–4 麦乐漫游器

（3）也可以搭建稍复杂的模型，如青蛙（如图1–5所示）。

图 1–5 青蛙

（4）发挥想象力，还可以搭建出各种各样的模型（如图1–6所示）。

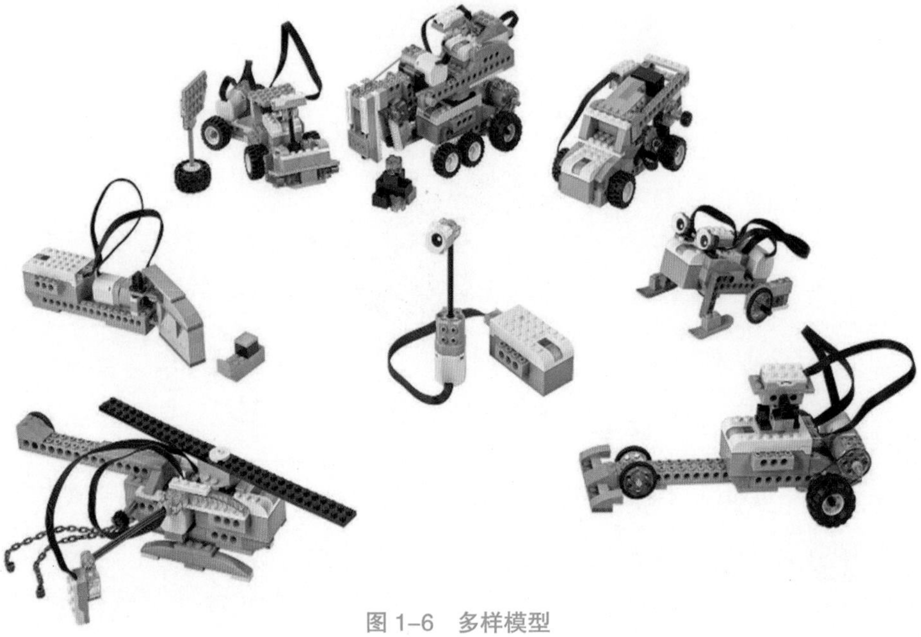

图 1–6　多样模型

在 WeDo 机器人课堂上时刻都需要组里的伙伴相互合作和相互沟通，共同完成设计、搭建、编程、分享。通过动手体验来树立信心，敢于发现、提出和思考问题，运用工具寻找答案，并解决实际生活中的问题。

下面，让我们来进一步了解 WeDo 2.0。

认识 WeDo 零件

WeDo 2.0 的零件主要以明亮清新的绿色、淡蓝色和黄色的色调为主，其他颜色只占一小部分，也有很多透明件（如图 1–7 所示）。

下面介绍 WeDo 2.0 中的主要零件。

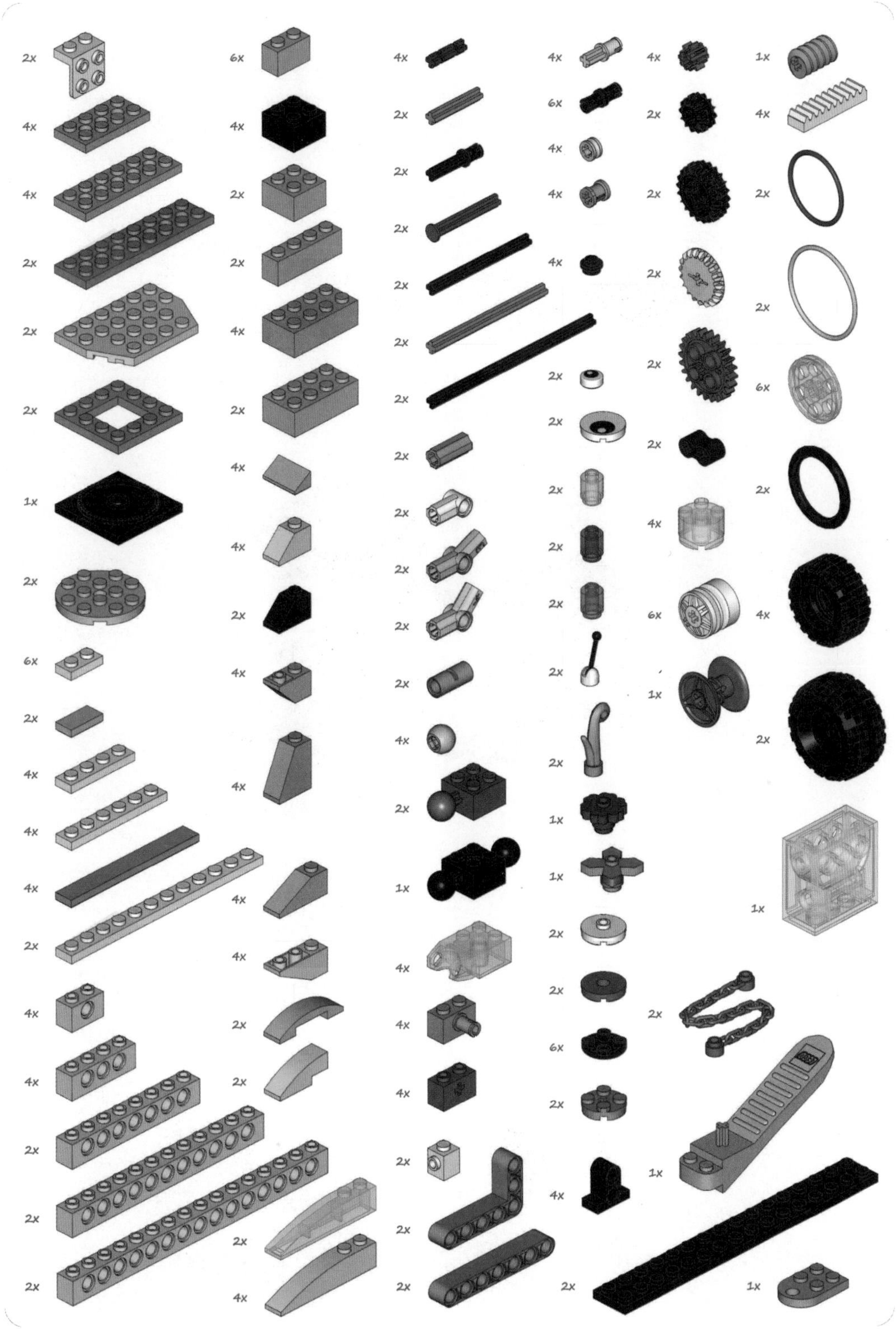

图 1-7　WeDo 2.0 主要零件

1 角片、转盘等

白色角片，用于垂直平面的接合。灰色的框架板，是 4×4 的板，对于加强结构非常有用（如图 1–8 所示）。将蔚蓝色的 4×4 的圆盘和黑色转盘相组合，可以作为起重机和传送带模型的转盘（如图 1–9 所示）。

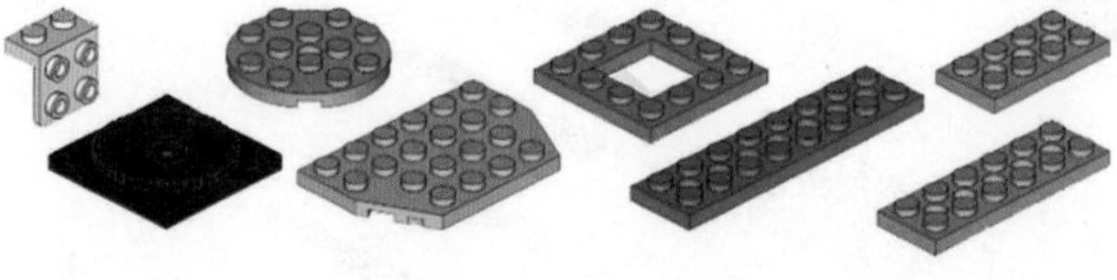

图 1–8　角盘、转盘

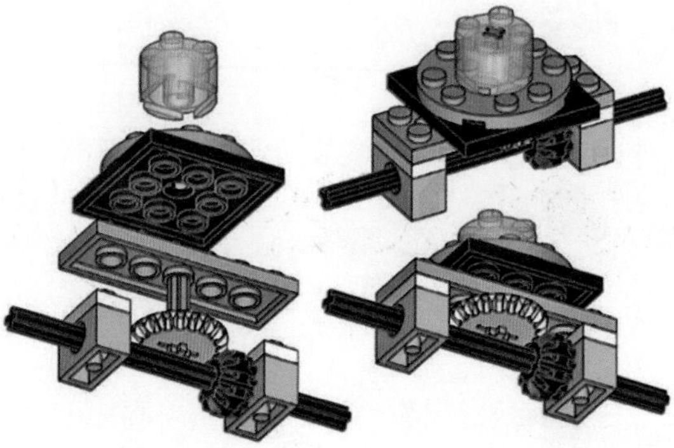

图 1–9　转盘模型

2 不规则的零件

不规则的零件可以帮助我们搭建稳定的倾斜结构，令我们充满了想象力。蔚蓝色的 4×1 的弧形板，可以用来束缚连接到智能集线器上的电子部件的电缆。（如图 1–10 所示）

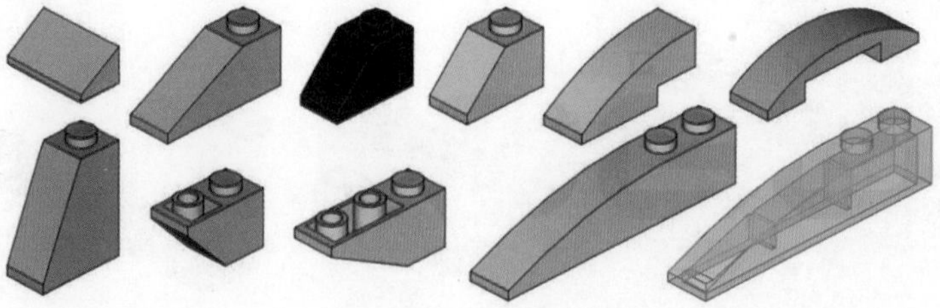

图 1–10　不规则的零件

图 1–11 所示的是屋顶积木，它们的大小和颜色不同，有 1×2、1×3、1×2×2 的黄色、黑色、绿色和灰色。

图 1–11　屋顶积木

图 1–12 所示的是弧形积木。

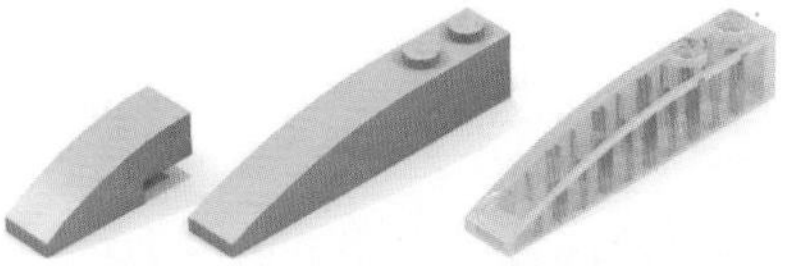

图 1–12　弧形积木

3 砖块

最常用的砖块的大小分别是 1×2、1×4、2×2、2×4、2×6 几种（如图 1–13 所示）。

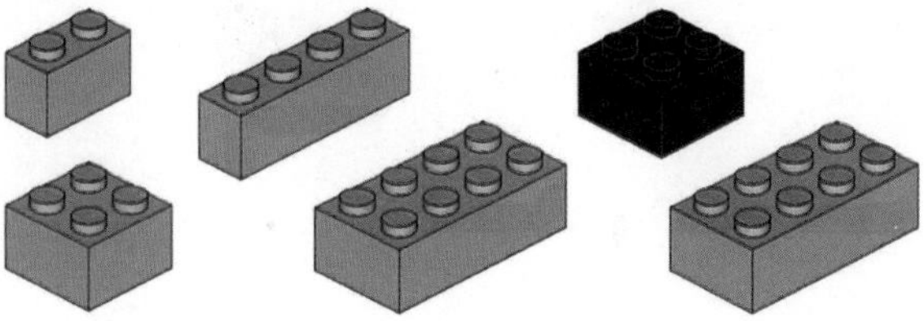

图 1–13　砖块

4 梁

最常用的梁的种类分别是 3 孔、7 孔、11 孔、15 孔（如图 1–14 所示）。

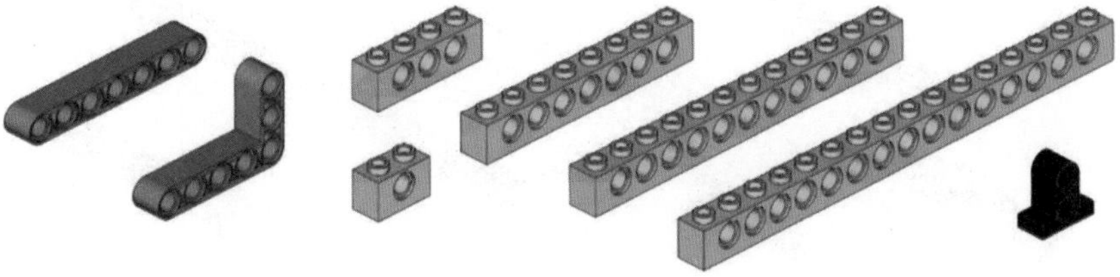

图 1–14　梁

5 轴连接器和管子

轴连接器也叫角度连接器，主要是起到连接和固定的作用（如图 1–15、图 1–16 所示）。

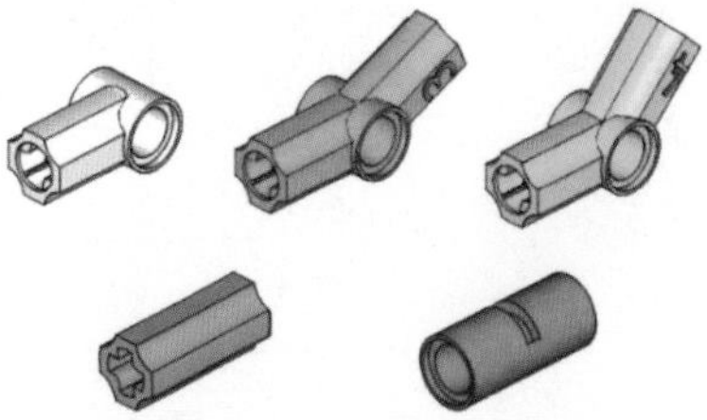
图 1–15　轴连接器和管子 1

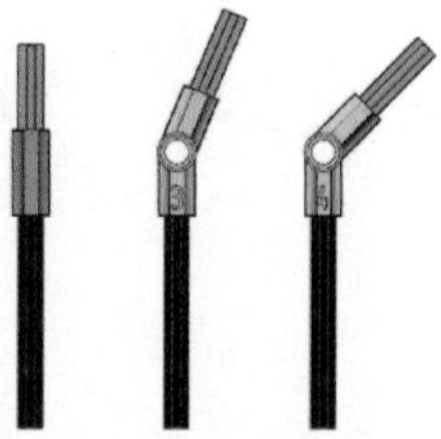
图 1–16　轴连接器和管子 2

6 轴套、半轴套、轴销、黑销

轴套的作用是可以用来固定轴，销是一种连接件（如图 1–17 所示）。

图 1–17　轴套和销

7 轴

WeDo 2.0 中常见轴的大小为 3 号、4 号、6 号、7 号、10 号等，还有一些特殊的带销的轴，这些都起到连接、固定的作用（如图 1–18 所示）。

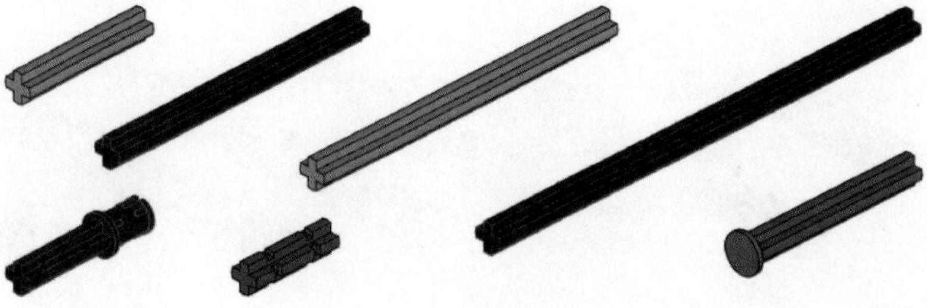
图 1–18　轴

8 装饰件

装饰件里的零件不多，但非常有趣，如花卉和植物的部分件，3 种透明颜色的 1 × 1 圆形砖，一个很小的天线，两种尺寸的圆眼装饰片。圆眼特别有趣，可以连接到任何一块乐高上，实现你的想象（如图 1–19 所示）。

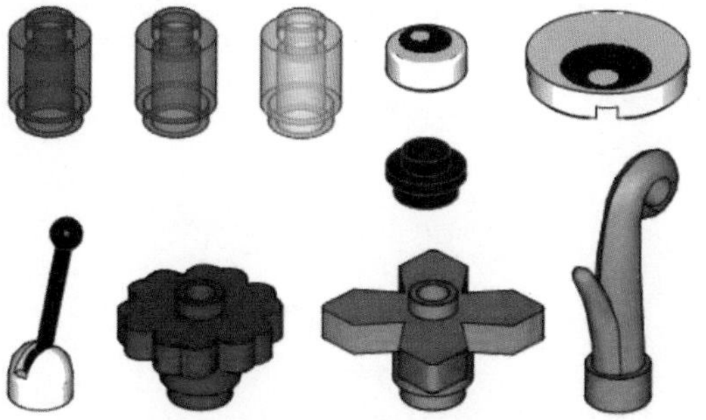

图 1–19　装饰件

9 圆板

套装中共有 4 种圆板，其中有经典的 2 × 2 圆板和圆润的防滑板，另外两种是深灰色 2 × 2 带洞圆板和白色单口嵌入圆板（如图 1–20 所示）。这两个零件可以组成连接面对面积木的小连接件（如图 1–21 所示）。

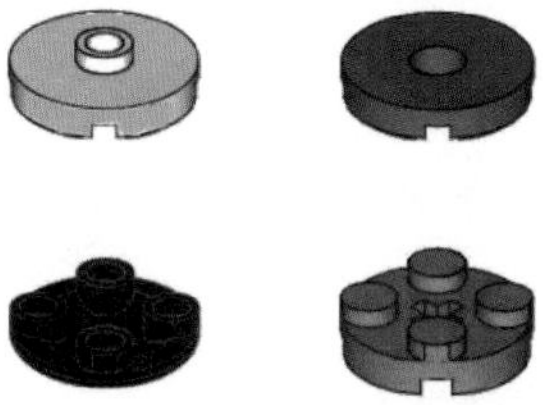

图 1–20　圆板

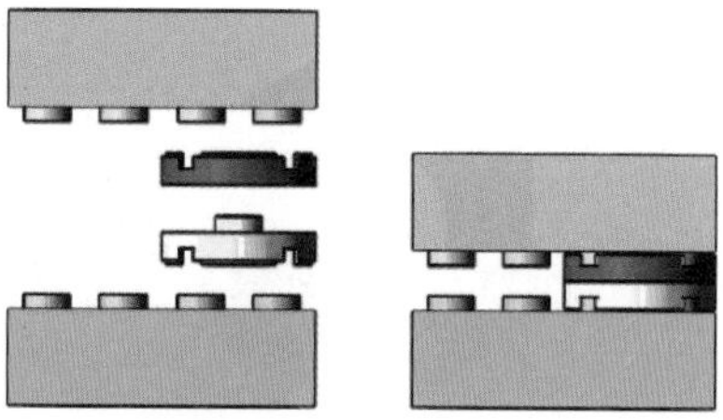

图 1–21　连接件

10 片板

套装中包含多种类型的一个单位宽的板和光滑片（如图 1–22 所示）。

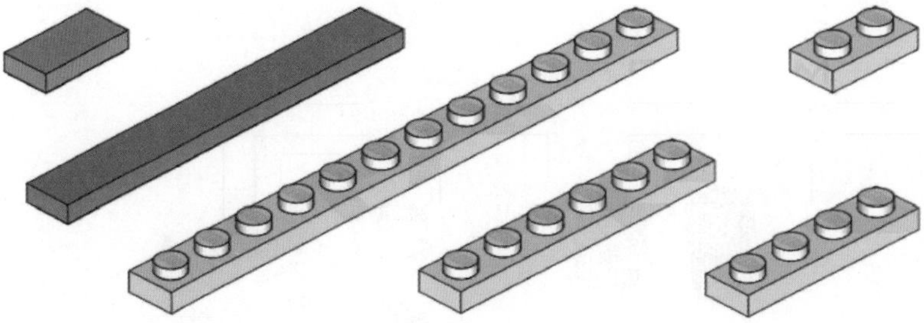

图 1–22　片板

11 球件

套装球件中最有趣的是 2 × 2 的块上有一个或两个球头，它们可以和透明浅蓝色的 2 × 2 嵌球块连接，组成关节（如图 1–23 所示）。此外，还有黄色十字口球，可以创建各种类型的关节（如图 1–24 所示）。

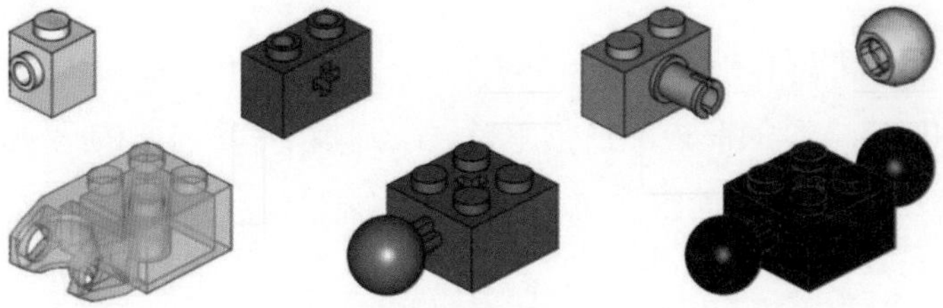

图 1–23　球件

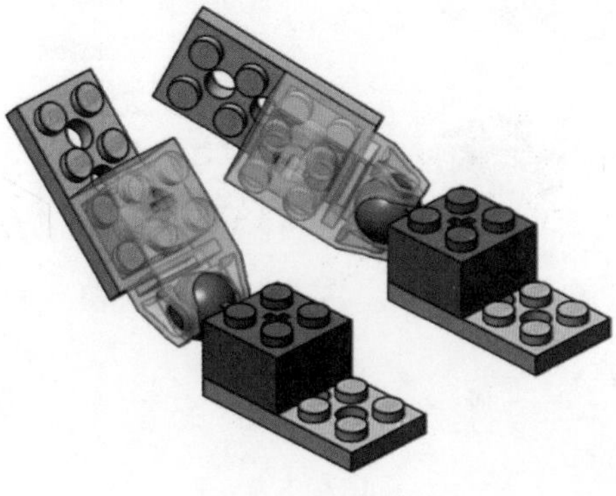

图 1–24　关节

⑫ 皮筋、滑轮

套装中包含黄皮筋、红皮筋、轮胎、透明滑轮、十字口软梁和 2 × 2 透明圆积木（如图 1–25 所示）。

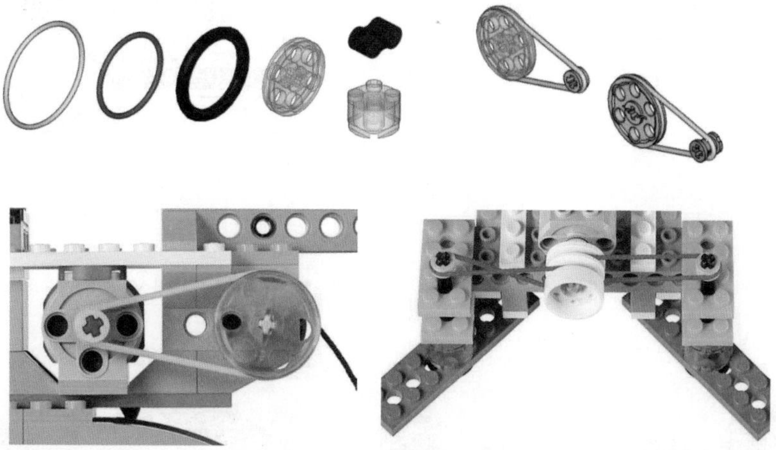

图 1–25　皮筋、滑轮

⑬ 齿轮

套装中有很多不同类型的齿轮，如 8 齿、12 齿、20 齿、24 齿以及 20 齿的锥齿轮（如图 1–26 所示）。此外，还包括透明的变速箱和蜗轮，以及更强大的齿条（如图 1–27 所示）。

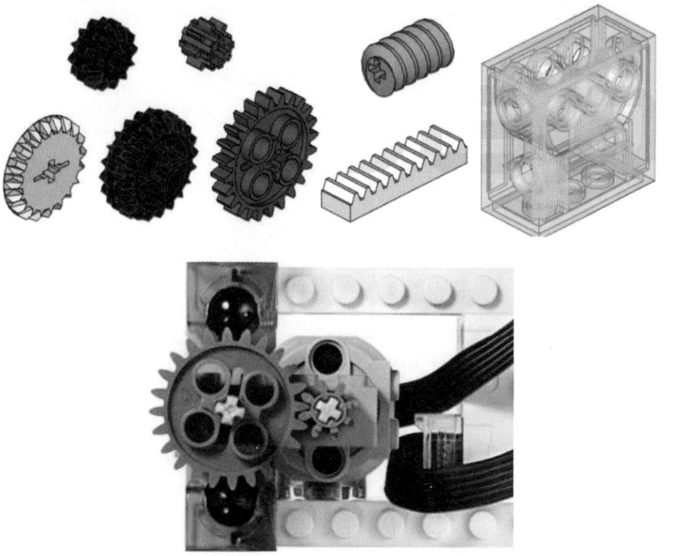

图 1–26　齿轮组合

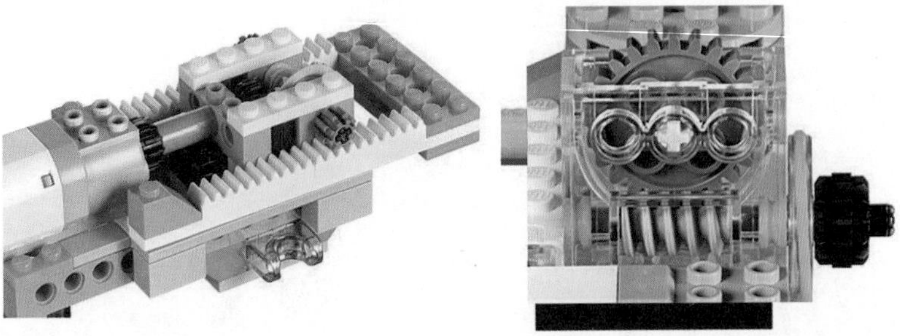

图 1–27　齿条、蜗轮蜗杆

14 轮胎轮毂、链条、线绳等

套装中包含两个 16 单位长的板，50 厘米长的线绳和轮胎轮毂等（如图 1–28 所示）。

图 1–28　轮胎轮毂、链条、线绳等

15 电子元器件

（1）智能集线器

WeDo 的智能集线器是一个全新的电子乐高零件，是 WeDo 2.0 中特有的。它与 WeDo 1.0 USB 集线器有相同的功能，即连接传感器、电机和控制电脑发出的程序。智能集线器比以前的版本的功能更强大，它用两节 AA 电池供电，利用无线蓝牙低功耗（蓝牙 4.0）技术连接电脑或 iPad。通过 WeDo 编程软件，智能集线器还具有 10 种颜色光源可供选择，绿色按钮用来打开和关闭智能集线器（如图 1–29 所示）。

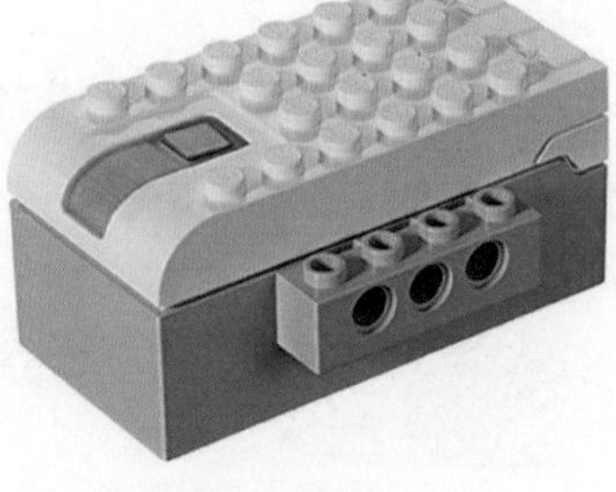

图 1–29　智能集线器

（2）电机

电机安全而且稳定，通过程序可以控制运转的方向和速度。电机可以向两个方向旋转，可以停止，可以被设定在特定的时间(精确到秒)内运行，也可以被调节在不同的速度档上（如图 1–30 所示）。

（3）运动传感器

运动传感器可以检测到 15 厘米范围内的物体，可以用于测量到前面物体的距离或检测是否是运动的（实际上是检测距离的变化）。具体的检测数值经智能集线器发送到计算机和计算机屏幕上来显示，随着距离的增加，检测到的数值在屏幕上也会增加（如图 1–31 所示）。

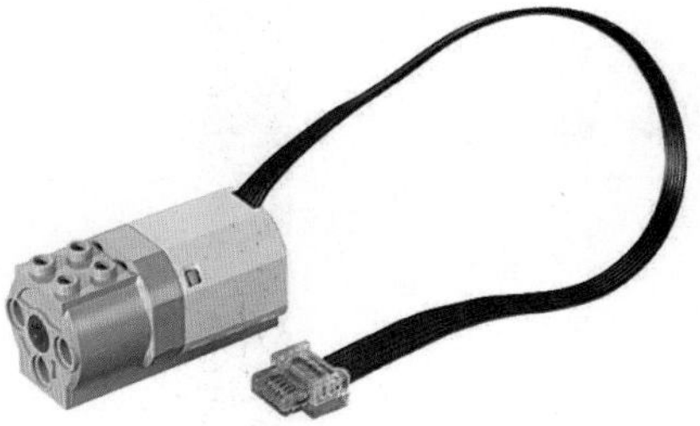

图 1–30　电机

图 1–31　运动传感器

（4）倾斜传感器

倾斜传感器可以检测倾斜的变化。

倾斜传感器可以探测出 6 个不同的位置变化，即向左倾斜、向右倾斜、向上倾斜、向下倾斜、没有倾斜、任何倾斜（震动）（如图 1–32 所示）。

图 1–32　倾斜传感器

认识 WeDo 编程软件

WeDo 2.0 软件可以从 LEGO 网站免费下载，其中的 FULL 版本软件包含 17 个项目、1+8 模型与建筑指令等。WeDo 2.0 软件可以安装在 Windows 系统上、平板电脑或者 Android 版的手机上（如图 1–33 所示）。不管哪一种平台都需要支持蓝牙 4.0。因为，智能集线器是通过蓝牙无线传输程序工作的。

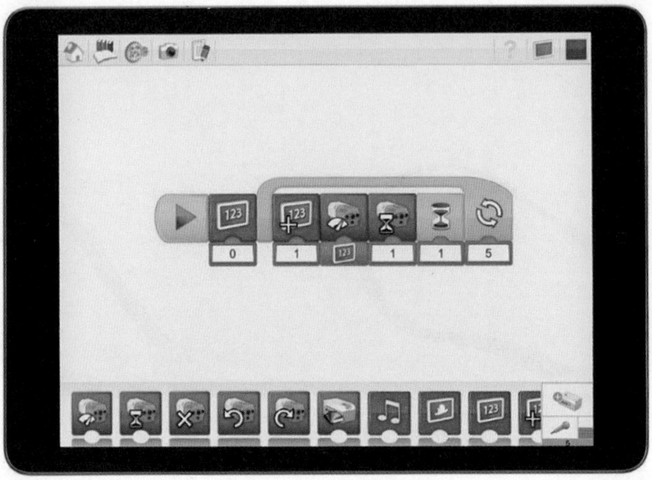

图 1–33　平板电脑

当做好一个机器人时，我们用编程来启动电机、灯、声音（或显示），或对声音、倾斜（或移动）做出反应，以使其模型的功能得到发挥。这些形象化的图标模块是从程序条上拖动创建的程序链（如图 1–34 所示）。

图 1–34　程序

提示

请把学习到的有关知识记录到文档中。

创 造

我们对 WeDo 2.0 的硬件和软件有了初步认识，同学们可以观察自己身边的生活，并利用手中的套件进行组合，搭建出生活中的场景（如图 1–35 所示）。

图 1–35　生活场景

提示

记得帮机器人留下珍贵的照片或视频（例如，记录下搭建模型的重要步骤或最终的模型样品等）。

探　究

尝试将几个小组搭建的场景组合在一起，同时围绕这个场景创编一个有趣的故事（如图 1–36 所示）。

图 1–36　场景

提示

别忘记用文字、绘图、照片或视频记录下你的灵感、你的发现。

思　考

1. 关于搭建过程中各个零件之间的组合连接，你有什么发现或心得吗？
2. 关于 WeDo 1.0 和 WeDo 2.0 的区别，你找到了多少？

提示

可以把你的思考或问题记录下来（例如，记录小组的重要工作和遇到的一些实验困难等）。

分 享

1 预测验证

回想在动手操作之初你对 WeDo 2.0 有哪些预测猜想，在动手实践完成之后，这些预测猜想是否得到了验证？在动手实践的过程中，你又有哪些新发现呢？

2 乐高文档

整理记录文档，把你在动手操作的过程中重要的照片、截图、视频或文字插入到文档中，把在此过程中的新发现、新思考、新方法也一并记录到文档中。

3 整理分享

我们可以通过多种方法、多种形式来分享自己的成果：展示亲手搭建的模型照片，记录任务关键部分的视频，和伙伴一起工作的照片文字……在老师和全班同学的面前，展示我们独特的解决方案。同时，还可以通过视频、网络等与更多的人共同分享我们的收获。

评 价

姓名：__________ 班级：__________ 任务：__________

内容＼序号		1	2	3	4
探究	我对相关问题做出了最好的发现与回答，并做了记录				
创造	我竭尽全力认识所有零件，学会使用 3 种以上不同类型的零件				
分享	我记录下了整个认识零件的过程，并积极和伙伴交流有了收获				
思考	我这次做得好的地方和下次需要改进的内容				

阅　读

WeDo 2.0 零件清单如表 1–1 ～表 1–6 所示。

表 1–1　搭建组件

图片	名称	型号	图片	名称	型号
	角板，1 × 2/2 × 2	6117940	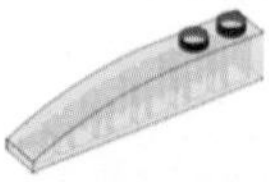	弧形积木，1 × 6	6032418
	板，1 × 2	302301		屋顶积木，1 × 2/45°	4537925
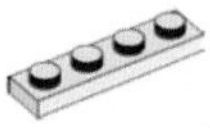	板，1 × 4	371001		倒屋顶积木，1 × 3/25°	6138622
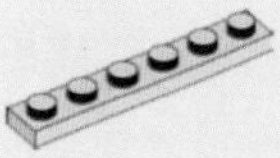	板，1 × 6	366601	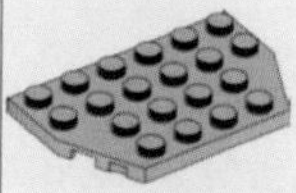	板，4 × 6/4	6116514
	板，1 × 12	4514842		镶嵌梁，1 × 2	6132372
	梁盘	4144024		镶嵌梁，1 × 4	6132373
	屋顶积木，1 × 2/45°	4121966		镶嵌梁，1 × 8	6132375
	板，2 × 16	428226		镶嵌梁，1 × 12	6132377
	屋顶积木，1 × 2 × 2	4515374		镶嵌梁，1 × 16	6132379
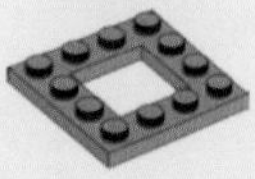	框架板，4 × 4	4612621	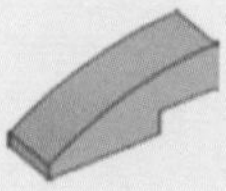	弧形积木，1 × 3	4537928

（续表）

图片	名称	型号	图片	名称	型号
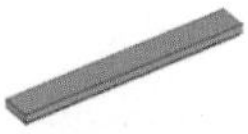	瓷砖片，1×8	4211481	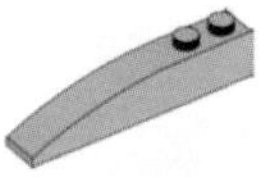	弧形积木，1×6	6139693
	积木，2×2	300326		角梁，3×5 组件	6097397
	转盘 4×4	4517986		梁，组件 7	6097392
	瓷砖片，1×2	4649741	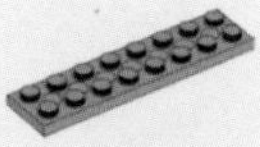	带洞的板，2×8	6138494
	积木，1×2	6092674		屋顶积木，1×2×2/3	6024286
	积木，2×2	4653970		倒屋顶积木，1×2/45°	6136455
	积木，1×4	6036238		屋顶积木，1×3/25°	6131583
	积木，2×4	4625629		积木，2×4	6100027
	弧形板，1×4×2/3	6097093		带洞的板，2×4	6132408
	圆盘，4×4	6102828	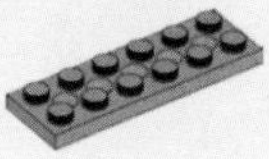	带洞的板，2×6	6132409

表 1–2　连接组件

图片	名称	型号	图片	名称	型号
	单面镶嵌积木，1×1	4558952		阻力接口，组件 2	4121715
	角模 1，0°	4118981		双边球积木，2×2	6092732
	抽衬，组件 1	4211622		绳子，50 cm	6123991
	抽衬，组件 2，灰	4512360		嵌球积木，2×2	6045980
	衔接口积木，1×2	4211364		角模 3，157.5°	6133917
	带洞板，2×3	4211419		角模 4，135°	6097773
	十字口镶嵌积木，1×2	4210935		管子，组件 2	6097400
	单边球积木，2×2	4497253		无阻力衔接口，组件 1	4666579
	卷线轴	4239891		十字口球	6071608
	链子，组件 16	4516456		抽衬，组件	4239601

表 1–3　移动组件

图片	名称	型号	图片	名称	型号
	双槽滑轮，18 × 14 mm	6092256		轮胎，37 × 18 mm	4506553
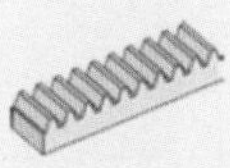	10 齿齿轮条	4250465		轮轴，组件 2	4142865
	齿轮模	4142824		接口轮轴，组件 3	6089119
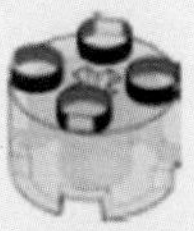	圆积木，2 × 2	4178398	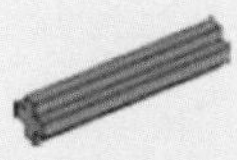	轮轴，组件 3	4211815
	滑轮，24 × 4 mm	6096296		停止轮轴，组件 4	6083620
	螺旋齿轮	4211510		轮轴，组件 6	370626
	8 齿齿轮	6012451		轮轴，组件 7	4211805
	24 齿齿轮	6133119		轮轴，组件 10	373726
	十字口梁	4198367		20 齿锥齿轮	6031962
	12 齿双锥齿轮	4177431	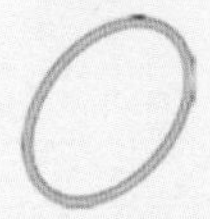	皮筋 33 mm	4544151
	20 齿双锥齿轮	6093977		滑雪板	6105957

（续表）

图片	名称	型号	图片	名称	型号
	轮胎，30.4 × 4 mm	6028041		皮筋 24 mm	4544143
	轮胎，30.4 × 14 mm	4619323			

表 1–4　装饰组件

图片	名称	型号	图片	名称	型号
	天线	73737		圆积木，1 × 1	3006848
	圆眼，1 × 1	6029156		圆积木，2 × 2	6138624
	圆眼，2 × 2	6060734		圆积木，1 × 1	3006844
	单口嵌入圆板，2 × 2	6093053		圆积木，1 × 1	3006841
	带洞圆板，2 × 2	6055313		草，1 × 1	6050929
	圆板，1 × 1	614126		叶子，2 × 2	4143562
	防滑板，2 × 2	4278359		花，2 × 2	6000020

表 1–5 电子组件表

图片	名称	型号	图片	名称	型号
	倾斜传感器	6109223		中型电机	6127110
	运动传感器	6109228		智能集线器	6096146

表 1–6 拆卸工具

图片	名称	型号
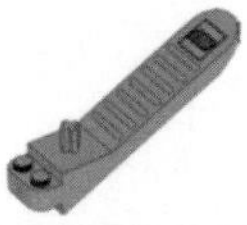	拆卸板	4654448

第②课　爱花的毛毛虫

学　习

下面，让我们一起欣赏一个绘本故事《好饿的毛毛虫》。

月光下，一个小小的卵，躺在树叶上。一个星期天的早晨，暖暖的太阳升起来了——啪！——从卵壳里钻出一条又瘦又饿的毛毛虫。他四下寻找着可以吃的东西。星期一，他啃了1个苹果，可他还是觉得饿。星期二，他啃了2个梨子，可他还是觉得饿。星期三，他啃了3个李子，可他还是饿。星期四，他啃了4个草莓，可他还是饿得受不了。星期五，他啃了5个橘子，可他还是饿呀。星期六，他啃了一块巧克力派，一个冰淇淋蛋筒，一条酸黄瓜，一片奶酪，一截香肠，一根棒棒糖，一角馅饼，一段红肠，一只杯形蛋糕，还有一块甜西瓜。到了晚上，他的肚子就痛起来！第二天又是星期天了，毛毛虫啃了一片可爱的绿树叶，这一回他感觉好多了。现在他一点儿也不饿了——他也不再是一条小毛虫了，他是一条胖嘟嘟的大毛虫了。他绕着自己的身子造了一座叫作“茧”的小房子。他在那里面待了两个多星期。然后，他就在茧壳上啃出一个洞洞，钻了出来……它变成了一只漂亮的蝴蝶！

这个故事讲述了毛毛虫不断长大，最终破茧成蝶变成一只美丽的蝴蝶的生长过程。蝴蝶的生长过程我们称为完全变态发育。完全变态发育是昆虫变态的两种类型之一。昆虫在个体发育中，经过卵、幼虫、蛹和成虫4个时期的叫作完全变态发育。昆虫在个体发育中，只经过卵、幼虫和成虫3个时期的，叫作不完全变态发育。完全变态的幼虫与成虫在形态构造和生活习性上明显不同。蜻蜓的发育过程是不完全变态过程，蝴蝶、蚊子则是经过完全变态而长成的昆虫。完全变态发育和不完全变态发育都是针对昆虫而言的。

蝴蝶吸吮花蜜，帮助花儿授粉。传粉是一个重要过程，其主要目的是帮助植物繁殖，且大部分的授粉发生在偶然现象中。其实，大部分传粉者是为了吸取植物的营养，间接传递了花粉。植物还可以依赖外界因素（风、昆虫、动物）将花粉传送到花柱上进行繁殖。

提示

把学习到的有关知识内容及时记录到文档中。

创　造

我们明确了毛毛虫从幼虫变成蝴蝶的过程，接下来，我们一起借助手中的零件，把故事中的主角“毛毛虫”呈现出来（如图 2–1 所示）。

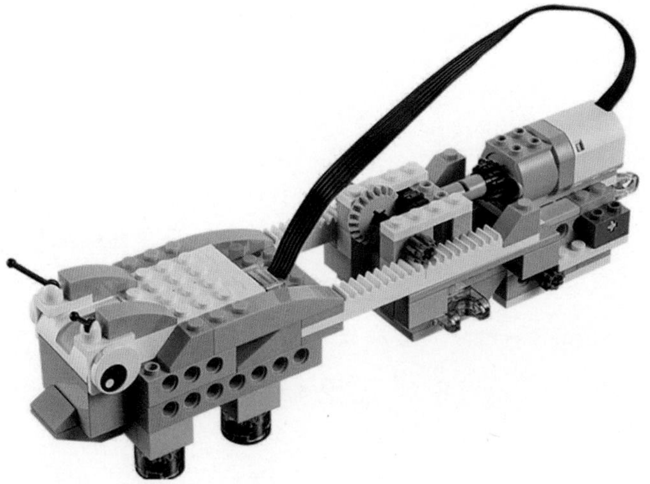

图 2–1　毛毛虫

提示

记得帮毛毛虫机器人留下珍贵的照片或视频（例如，记录下搭建模型的重要步骤或最终的模型样品等）。

探 究

蝴蝶的演变经历了几个过程？《好饿的毛毛虫》里边还有哪些情境？可以进一步丰富你的作品，把蝴蝶的演变过程搭建出来，注意形状和颜色的搭配。

1. ______

2. ______

3. ______

提示

别忘记用文字、绘图、照片或视频记录下你的搭建过程。

思 考

了解传粉的相关知识：

（1）小鸟适合帮助管状花朵传粉；

（2）蝴蝶喜欢特殊颜色的花朵；

（3）花粉传播可以在两种不同的花之间进行。

试一试：模拟搭建一个传粉模型（如图 2–2 所示）。

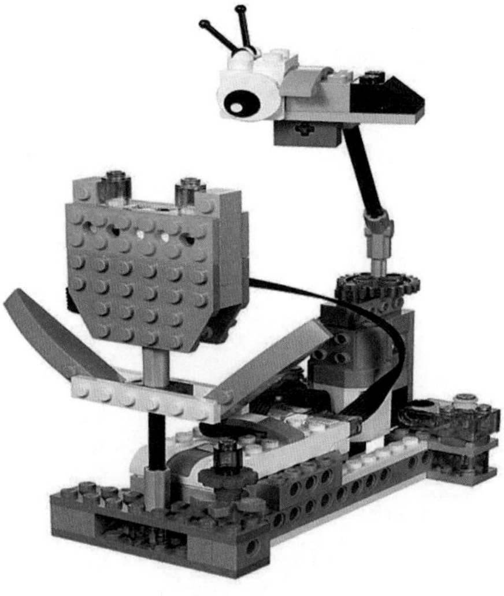

图 2–2　传粉模型

提示

可以把你的思考或问题记录下来（例如，记录小组的重要工作和遇到的一些实验困难等）。

分享

1 预测验证

回想一下，在任务之初你有哪些预测猜想？在任务完成之后，这些预测猜想是否得到了验证？在完成任务的过程中，你又有哪些新发现呢？

2 乐高文档

整理记录文档，把你在完成任务的过程中重要的照片、截图、视频或文字插入到文档中，把在此过程中的新发现、新思考、新方法也一并记录到文档中。

3 整理分享

我们可以通过多种方法、多种形式来分享自己的成果：展示任务的模型照片，记录任务关键部分的视频，和伙伴一起工作的照片文字……在老师和全班同学的面前，展示我们独特的解决方案。同时，还可以通过视频、网络等与更多的人共同分享我们的收获。

评价

姓名：____________ 班级：____________ 任务：____________

内容 \ 序号		1	2	3	4
探究	我对相关问题做出了最好的发现与回答，并做了记录				
创造	我竭尽全力搭建和修改模型，并努力解决了问题				
分享	我记录下了整个实验过程中的重要想法、保存了相关资料，并在展示模型的环节中做到了最好				
思考	我这次有进步的地方和下次需要改进的内容				

阅 读

这是一个利用WeDo 2.0搭建的游乐场，其中，包括秋千和滑梯两个项目（如图 2–3 所示）。秋千的控制是靠皮筋和滑轮传动来实现的，它可以有规律地带动秋千。滑梯是一个无动力的设施，利用了轴作为楼梯，带孔砖作为滑梯部分，实现下滑的过程。

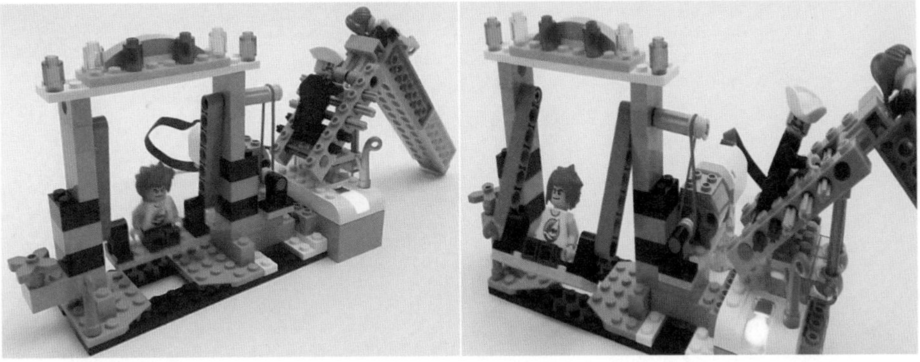

图 2–3 秋千和滑梯

滑轮是一个周边有槽，能够绕轴转动的小轮。由可绕中心轴转动有沟槽的圆盘和跨过圆盘的柔索（绳、胶带、钢索、链条等）所组成的可以绕着中心轴旋转的简单机械叫作滑轮。

乐高中常见的滑轮传动如图 2–4 所示。

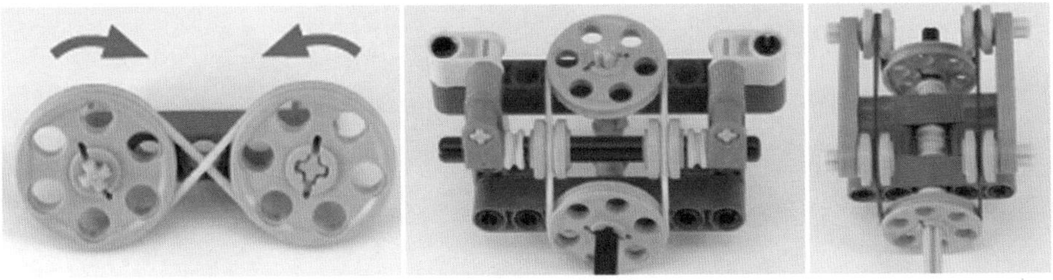

图 2–4 滑轮传动

第3课　鱼和青蛙的故事

学　习

一听到鱼和青蛙，你的脑中是不是一下子就能想起它们的样子？

我们一般把脊椎动物分为鱼类、鸟类、爬行类、哺乳类、两栖类五大类。

鱼类是最古老的脊椎动物，它们是体被骨鳞、以鳃呼吸、用鳍作为运动器官和依靠上下颌摄食的变温水生脊椎动物，属于脊索动物门中的脊椎动物亚门。它们几乎栖居于地球上所有的水生环境——淡水的湖泊、河流和咸水的大海大洋。鱼是一种水生的冷血脊椎动物，用鳃呼吸，具有颚和鳍。鱼类的形态有很多种，主要形态有纺锤形、侧扁形、平扁形、棍棒形，但无论哪一种体型的鱼，均可分为头、躯干和尾三个部分。此外还有一些鱼类由于适应特殊的生活环境和生活方式，而呈现出特殊的体型，例如海龙、翻车鱼、河鲀、比目鱼等。

青蛙属于脊索动物门、两栖纲、无尾目、蛙科的两栖类动物，成体无尾，卵产于水中，体外受精后孵化成蝌蚪，用鳃呼吸，经过变态发育成为成体青蛙，成体主要用肺呼吸，兼用皮肤呼吸。青蛙小时候只能生活在水中，长大后还可以到陆地上生活。青蛙身体可分为头、躯干和四肢三个部分。青蛙前脚上有四个趾，后脚上有五个趾，还有蹼；青蛙头上的两侧有两个略微鼓着的小包，那是它的耳膜，通过耳膜青蛙可以听到声音；青蛙的背上是绿色的，很光滑、很软，还有花纹，腹部是白色的。这种体色可以使它隐藏在草丛中不易被发现，这样捉害虫就容易些，也可以保护自己；青蛙用舌头捕食，舌头上有黏液。

提示

请把学习到的有关力的知识记录到文档中。

创 造

我们对鱼和青蛙的生长过程和各过程的形态已经有了清晰的认识，下面利用学习到的知识，借助手中的材料把《鱼就是鱼》[①]故事中的两位主角呈现出来（如图 3–1 和图 3–2 所示）。

树林边有一个池塘，池塘里有一条米诺鱼和一只蝌蚪。他们常在水草里游来游去，是一对形影不离的好朋友。一天早晨，蝌蚪发现自己一夜之间长出了两条小脚。

“看哪！”他得意地说，“你看，我是只青蛙！”

“胡说，”米诺鱼说，“你怎么可能变成青蛙？昨天晚上，你还是条小鱼呢，就像我一样！”

他们争来争去也没有结果，最后蝌蚪说：“青蛙就是青蛙，鱼就是鱼，就是这么回事！”在接下来的几个星期里，蝌蚪又长出了一对小小的前腿，尾巴也越来越小了。然后在一个晴朗的日子里，一只真正的青蛙长成了。他爬出水面来到长满青草的岸上。米诺鱼也在不断地长着，长成了一条完全成熟的鱼。他常常好奇地想，那位长着四条腿的好朋友到底上哪儿去了呢？可是日子一天一天过去了，青蛙还是没有回来。

终于有一天，水花四溅，水草摇摆，青蛙兴高采烈跳回到了池塘。

鱼激动地问他：“这些天你都上哪儿去了？”

“我周游世界去了——我蹦蹦跳跳地四处转悠。”青蛙说，“看到了很多稀奇古怪的东西。”

“比如说呢？”鱼问道。

“鸟，”青蛙神秘地说。“是的，鸟！”他告诉米诺鱼关于鸟的事情，鸟有两个翅膀，有两条腿，还有各种各样的颜色。青蛙说这话，他的朋友就在脑子里看到了那些鸟，就像长满羽毛的大鱼在空中飞来飞去。

鱼着急地问道：“还有别的吗？”

“奶牛，”青蛙说，“对，奶牛！他们有四条腿，有角，吃青草，肚子下坠着些粉红色的奶袋子。”

① 李欧·李奥尼. 鱼就是鱼 [M]. 阿甲，译. 海口：南海出版社，2011.

“还有人！有男人，女人，孩子！”青蛙不停地说着，直到池塘里暗了下来。可是浮现在鱼脑子里的画面，仍然充满了光线、色彩和各种不可思议的东西。他根本睡不着。啊，要是他也能像他的朋友那样四处跳来跳去，亲眼看看那个奇妙的世界，那该多好啊！

就这样，日子一天天过去了，青蛙走了，鱼就待在那儿做梦。他梦见飞翔的鸟，吃草的奶牛，还有那些穿着衣服的、被他朋友称为人的奇怪动物。一天，他终于下定决心无论如何也要去看看那些东西。于是，随着尾巴强有力地一拍，他完全跃出了水面，跳上了岸。鱼躺在又暖又干的草地上，躺在那儿，喘不过气来，他不能呼吸，也不能动弹。“救命！”他无力地呻吟着。幸好正在附近捕捉蝴蝶的青蛙看见了他，于是用尽全身力气把鱼推进了池塘。鱼觉得还有点晕，在水里漂浮了一会儿，然后，他大口大口地呼吸，让清凉的水从鳃边流过。现在他又感觉身体又重新变得轻悠悠的了，尾巴只要轻轻一摆就能进退自如了，像从前一样。阳光从水面照射下来，揉碎在水草间，柔柔地变幻着亮光闪闪的色块，这个世界的的确确是全世界最美丽的一处了。他对着青蛙微笑，他的朋友也正坐在莲叶上看着他。“你是对的，”他对青蛙说，“鱼就是鱼。”

图 3–1　鱼

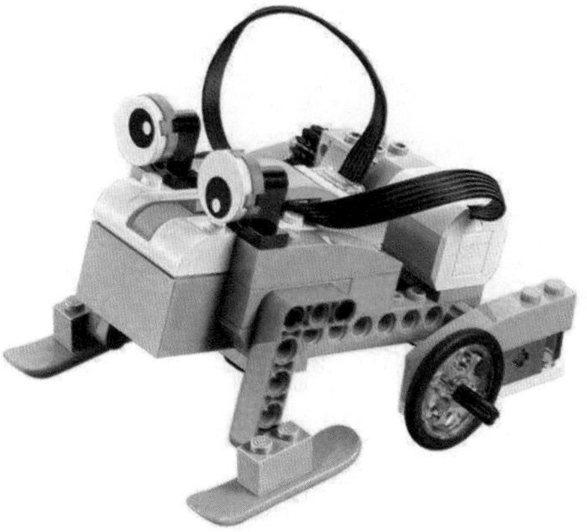

图 3–2　青蛙

提示

记得帮鱼和青蛙这两位故事主角留下珍贵的照片或视频（例如，记录下搭建模型的重要步骤或最终模型样品等）。

探　究

我们的故事里还有一些场景和其他角色，你能否尝试利用手中的材料，发挥你的想象，呈现其中部分场景或角色呢？

进一步呈现：

1. ______________________________

2. ______________________________

3. ______________________________

提示

别忘记用文字、绘图、照片或视频记录下你的灵感、你的发现。

思　考

1. 鱼和青蛙的生活环境有什么不同？

2. 青蛙是卵生动物吗？它的繁殖成长过程是怎样的？

提示

把你的思考或问题记录下来（例如，记录小组的重要工作和遇到的一些实验困难等）。

分　享

1 合作改编

与邻近的小组合作，大家可以共同组合搭建场景和角色，出演真实版情景剧；或者你们可以发挥一下，对故事进行大胆改编。

2 乐高文档

整理记录文档，把你在动手操作过程中重要的照片、截图、视频或文字插入到文档中，把在此过程中的新发现、新思考、新方法也一并记录到文档中。

3 整理分享

我们可以通过多种方法、多种形式来分享自己的成果：展示任务的模型照片，记录任务关键部分的视频，和伙伴一起工作的照片文字，生动的表演剧……在老师和全班同学的面前，展示我们独特的解决方案。同时，还可以通过视频、网络等与更多的人共同分享我们的收获。

评　价

姓名：__________　班级：__________　任务：__________

内容 \ 序号		1	2	3	4
探究	我对相关问题做出了最好的回答，并做了记录				
创造	我竭尽全力搭建和修改模型，并努力解决了问题				
分享	我记录下了整个实验过程中的重要想法、保存了相关资料并在展示模型的环节中做到了最好				
思考	我这次做得好的内容和下次需要改进的内容				

阅读

这是一个 WeDo 2.0 搭建的飞机（如图 3–3 所示），当飞机起飞或下降时，两侧的螺旋桨快速转动；当飞机停下时，飞机的螺旋桨停止。这个功能是靠倾角传感器来实现的，并配合滑轮的传动，让螺旋桨转动起来。

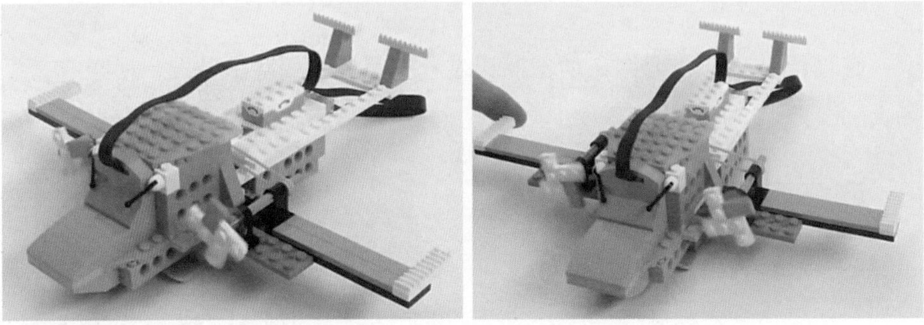

图 3–3　飞机

倾角传感器可以用来测量相对于水平面的倾角变化量。其理论基础就是牛顿第二定律，根据基本的物理原理，在一个系统内部，速度是无法测量的，但却可以测量其加速度。如果初速度已知，就可以通过积分计算出线速度，进而可以计算出直线位移。所以，倾角传感器其实是运用惯性原理的一种加速度传感器。

当倾角传感器静止时，也就是侧面和垂直方向没有加速度作用，那么作用在它上面的只有重力加速度。重力垂直轴与加速度传感器灵敏轴之间的夹角就是倾斜角了。

第④课　地震中的房屋

学　习

地震是世界上最具破坏性的自然灾害之一，它给我们的生活造成了严重的危害，如建筑物的强烈破坏、房屋大面积倒塌、桥梁断落、水坝开裂、铁轨变形、地面裂缝塌陷等；同时，地震也会引起一些其他的自然灾害，如山体滑坡、狂风暴雨、海啸、火山喷发等。在地震带来的这些伤害中，人们感受最直接的伤害就是地震来临的时候造成的房屋建筑物的倒塌，严重危及人身安全。同学们，请你们想一想？在建筑房屋的时候，如何能让房屋更坚固？

建筑抗震结构设计的基本原则如下。

（1）结构构件应具有必要的承载力、刚度、稳定性、延性等方面的性能。

（2）尽可能设置多道抗震防线，一个抗震结构体系应由若干个延性较好的分体系组成，并由延性较好的结构构件连接协同工作。

（3）对可能出现的薄弱部位，应采取措施提高其抗震能力。

提示

请把学习到的有关知识记录到文档中。

创　造

由于地震会给我们的生活造成严重的危害，所以坚固的抗震结构非常重要，我们今天要利用乐高零件来设计一个坚固的房屋结构（如图 4–1 所示）。下面让我们一起来了解一下乐高零件中砖的使用及其交错结构。

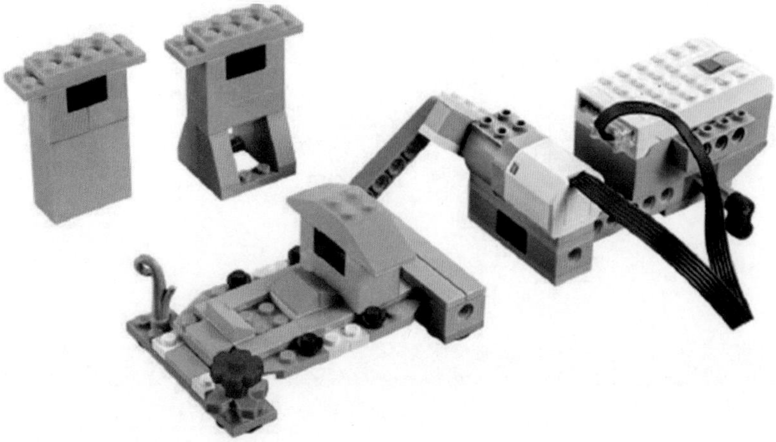

图 4–1　地震中的房屋

提示

记得帮坚固的房屋留下珍贵的照片或视频（例如，记录下搭建模型的重要步骤或最终的模型样品等）。

探　究

尝试着用同等数量的零件扩大建筑房屋，想一想：改变什么样的结构可以使房屋更坚固？

改进：

1. ______________________________

2. ______________________________

3. ______________________________

提示

别忘记用文字、绘图、照片或视频记录下你的灵感、你的发现。

思　考

交错结构的三种不同结构的房屋（如图 4-2 ～图 4-4 所示）。

图 4-2　房屋 1

图 4-3　房屋 2

图 4-4　房屋 3

组建合作：变换不同的结构，比一比谁的结构更合理，测试震动的级别，观察结构的稳定性。

提示

可以把你的思考或问题记录下来（例如，记录小组的重要工作和遇到的一些实验困难等）。

分　享

1 预测验证

回想一下，在任务之初你有哪些预测猜想？在任务完成之后，这些预测猜想是否得到了验证？在完成任务的过程中，你又有哪些新发现呢？

2 乐高文档

整理记录文档，把你在完成任务的过程中重要的照片、截图、视频或文字插入到文档中，把在此过程中的新发现、新思考、新方法也一并记录到文档中。

3 整理分享

我们可以通过多种方法、多种形式来分享自己的成果：展示任务的模型照片，记录任务关键部分的视频，和伙伴一起工作的照片文字……在老师和全班同学的面前，展示我们独特的解决方案。同时，还可以通过视频、网络等与更多的人共同分享我们的收获。

评　价

姓名：__________ 班级：__________ 任务：__________

内容＼序号		1	2	3	4
探究	我对相关问题做出了最好的发现与回答，并做了记录				
创造	我竭尽全力搭建和修改模型，努力解决了问题				
分享	我记录下了整个实验过程中的重要想法、保存了相关资料，并在展示模型的环节中做到了最好				
思考	我这次有进步，做得好的内容和下次需要改进的内容				

阅　读

这是一个利用 WeDo 2.0 器材搭建的一个画线机器人，它可以画出平滑的曲线，这个功能是靠电机转动，带动连接在电机上的滑轮，让滑轮做圆周运动来实现的（如图 4–5 所示）。

图 4–5 画线机器人

质点在以某点为圆心半径的圆周上运动，即质点运动时其轨迹是圆周的运动叫作“圆周运动”。它是一种最常见的曲线运动。例如，电动机转子、车轮、皮带轮等都做圆周运动。圆周运动分为匀速圆周运动和变速圆周运动(如竖直平面内绳 / 杆转动小球、竖直平面内的圆锥摆运动)。在圆周运动中，最常见和最简单的是匀速圆周运动。

第⑤课　形状变形计

学　习

三角形和平行四边形是数学课中学到的两个基本几何图形，三角形具有稳定性，利用它的稳定特性可以加固我们搭建的结构（如图 5–1 所示）。

图 5–1　三角形的稳定性

平行四边形具有不稳定性，但是它的不稳定性也有很大的利用价值。生活中挂小东西的架子、停车场的抬杆系统、抬升机械等都用到了平行四边形的这个特性（如图 5–2 所示）。

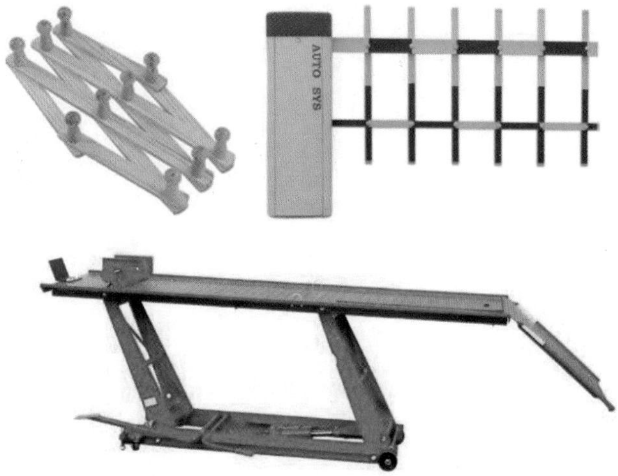

图 5–2　平行四边行的不稳定性

请同学们想一想：我们可不可以利用平行四边的不稳定特性设计一辆叉车呢?

叉车是用于短途运输和仓储业务的一种车辆，它帮助处理在港口、仓库货物的负载生产，可以轻松地将货物放在特定的货架上。

叉车设计的基本原则如下。

（1）叉车手臂结构应具有升降的性能。

（2）叉车能实现移动。

（3）结合叉车要搬运的物体进行设计。

提示

请把学习到的有关平行四边形的知识记录到文档中。

创　造

我们已经了解了平行四边形的不稳定性，并且它的不稳定性还有很多的利用价值。接下来我们来设计一辆叉车，学习平行四边形结构，了解乐高零件中砖的使用及利用平行四边形的不稳定性实现抬升、下降功能的结构（如图 5-3 所示）。

图 5-3　叉车

提示

记得帮叉车留下珍贵的照片或视频（例如，记录下搭建模型的重要步骤或最终的模型样品等）。

探 究

尝试着控制叉车抬升下降的速度和程度，想一想：怎样通过调整电机速度和工作时间，更好地实现控制叉车手臂？

改进：

1. ______________________________

2. ______________________________

3. ______________________________

提示

别忘记用文字、绘图、照片或视频记录下你的灵感、你的发现。

思 考

我们还能利用平行四边形的不稳定性做些什么呢？（如图 5–4 所示）。

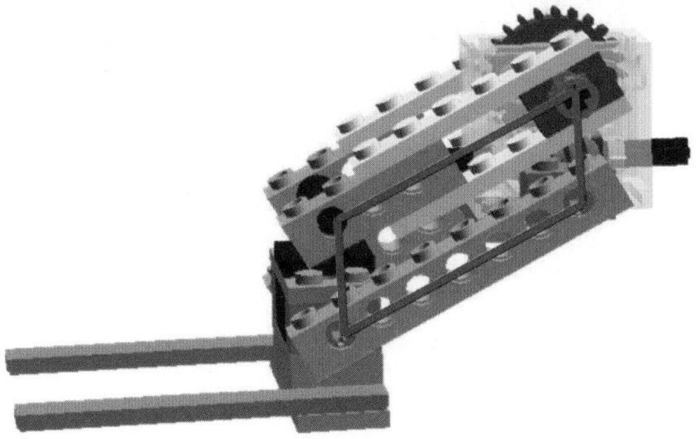

图 5–4　平行四边形的应用

提示

可以把你的思考或问题记录下来（例如，记录小组的重要工作和遇到的一些实验困难等）。

分　享

1 预测验证

回想一下，在任务之初你有哪些预测猜想？在任务完成之后，这些预测猜想是否得到了验证？在完成任务的过程中，你又有哪些新发现呢？

2 乐高文档

整理记录文档，把你在完成任务的过程中重要的照片、截图、视频或文字插入到文档中，把在此过程中的新发现、新思考、新方法也一并记录到文档中。

3 整理分享

我们可以通过多种方法、多种形式来分享自己的成果：展示任务的模型照片、记录任务关键部分的视频，和伙伴一起工作的照片文字……在老师和全班同学的面前，展示我们独特的解决方案。同时，还可以通过视频、网络等与更多的人共同分享我们的收获。

评　价

姓名：__________　班级：__________　任务：__________

内容 \ 序号		1	2	3	4
探究	我对相关问题做出了最好的发现与回答，并做了记录				
创造	我竭尽全力搭建和修改模型，并努力解决了问题				
分享	我记录下了整个实验过程中的重要想法、保存相关资料，并在展示模型的环节中做到了最好				
思考	我这次有进步，做得好的内容和下次需要改进的内容				

阅 读

这是一个利用 WeDo 2.0 器材搭建的转弯机器人，它可以围绕主控制器及电机做圆周运动，并且机器人的腿通过齿轮传动可以让机器人完全走起来（如图 5–5 所示）。

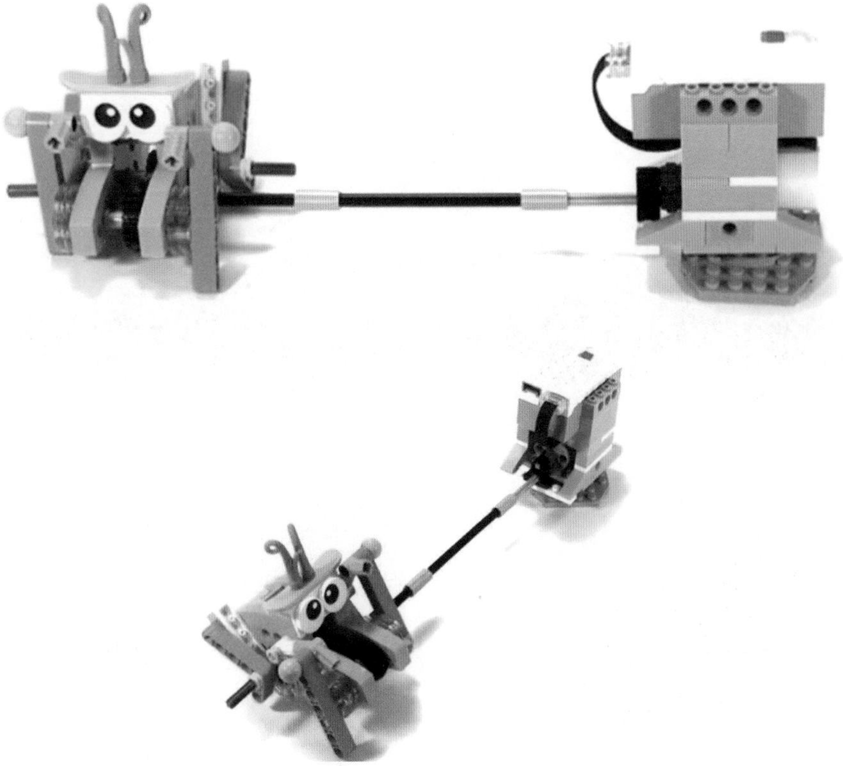

图 5–5 转弯机器人

齿轮传动是机械传动中应用最广的一种传动形式，它的传动比较准确、效率高、结构紧凑、工作可靠、寿命长。齿轮传动的特点如下。

（1）瞬时传动比恒定。非圆齿轮传动的瞬时传动比能按需要的变化规律来设计。

（2）传动比范围大，可用于减速或增速。

（3）速度和传递功率的范围大，可用于高速（$v>40$m/s），中速和低速（$v<25$m/s）的传动；功率从小于1 W到105 kW。

（4）传动效率高。一对高精度的渐开线圆柱齿轮，效率可达99%以上。

（5）结构紧凑，适用于近距离传动。

（6）制造成本较高。某些具有特殊齿形或精度很高的齿轮，因为需要专用的或高精度的机床、刀具和量仪等，所以制造工艺复杂，成本高。

（7）精度不高的齿轮，传动时的噪声、振动和冲击大，会污染环境。

（8）无过载保护作用。

乐高中常见的齿轮传动有以下几种。

（1）1:1齿轮传动（如图5-6所示），不改变传动速度，但主动轮与从动轮的转向是相反的。

图 5-6　1:1 齿轮传动

（2）1:3齿轮传动（如图5-7所示），主动轮带动从动轮，速度减慢，力量加大。

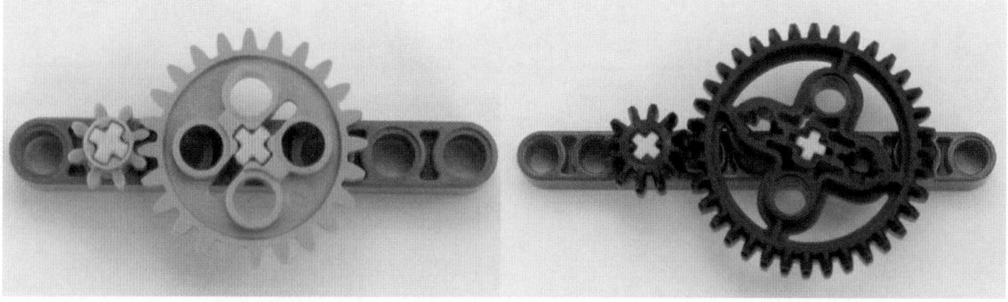

图 5-7　1:3 齿轮传动

（3）1:5齿轮传动（如图5–8所示），主动轮带动从动轮，速度减慢，力量加大。

图 5–8　1:5 齿轮传动

（4）3:5齿轮传动（如图5–9所示），主动轮带动从动轮，速度减慢，力量加大。

图 5–9　3:5 齿轮传动

（5）2:3齿轮传动（如图5-10所示），主动轮带动从动轮，速度减慢，力量加大。

图 5-10　2:3 齿轮传动

（6）5:9齿轮传动（如图5-11所示），主动轮带动从动轮，速度减慢，力量加大。

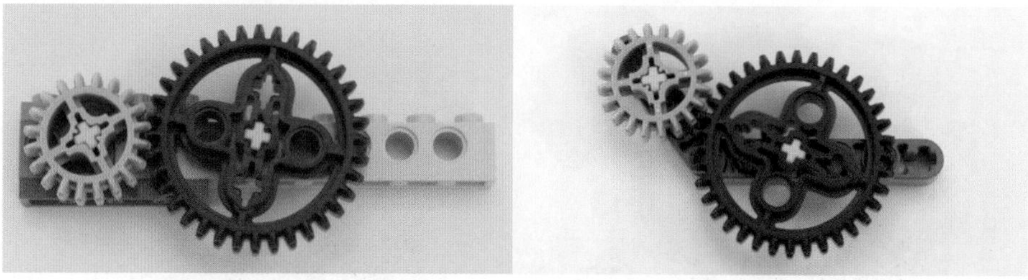

图 5-11　5:9 齿轮传动

第⑥课　大力士来访

学　习

在生活中，我们经常见到物体移动的场景，比如货车拉动货物、狗拉动雪橇、小朋友拔河等。想一想：是什么使物体移动起来的?

在力的作用下，物体会发生移动，即力可以改变物体的运动状态，也可以使物体发生形变。根据力的性质，可以分为重力、摩擦力、弹力、电场力、磁场力、分子力等; 根据力的效果，可以分为引力、斥力、压力、支持力、浮力、动力、阻力、拉力等。

力是物体之间的相互作用，一个物体在受到两个力作用时，如果能保持静止或匀速直线运动，我们就说物体处于平衡状态。使物体处于平衡状态的两个力叫作平衡力。力的大小、方向、作用点是力的三要素。力的国际单位是牛顿，简称牛，符号是 N（这是为了纪念英国科学家艾萨克 • 牛顿而命名的）。我们在实验室常用的测量工具是弹簧测力计，可以测量力的大小。

提示

请把学习到的有关力的知识记录到文档中。

创　造

现在我们要请来一位大力士——拉力机器人（如图 6-1 所示），让它带着我们一起了解：力对物体的作用、力的分类、力的平衡，进而展开在力的作用下物体移动和力之间的相互作用的具体研究。

图 6-1　拉力机器人

提示

记得帮大力士机器人留下珍贵的照片或视频（例如，记录下搭建模型的重要步骤或最终的模型样品等）。

探　究

如果我们的大力士想要拉动更多的重物，他应该怎么办呢？想一想：你能帮助他在哪些方面做出改进呢？

改进：

1. ________________

2. ________________

3. ________________

提示

别忘记用文字、绘图、照片或视频记录下你的灵感、你的发现。

思　考

1. 力和物体运动之间的关系是什么？

2. 力的平衡关系是什么？

组建合作：拔河比赛（如图 6–2 所示）。

图 6–2　拔河比赛

提示

可以把你的思考或问题记录下来（例如，记录小组的重要工作和遇到的一些实验困难等）。

分　享

1 预测验证

回想一下，你在任务之初有哪些预测猜想？在任务完成之后，这些预测猜想是否得到了验证？在完成任务的过程中，你又有哪些新发现呢？

2 乐高文档

整理记录文档，把你在完成任务的过程中重要的照片、截图、视频或文字插入到文档中，把在此过程中的新发现、新思考、新方法也一并记录到文档中。

3 整理分享

我们可以通过多种方法、多种形式来分享自己的成果：展示任务的模型照片、记录任务关键部分的视频，和伙伴一起工作的照片文字……在老师和全班同学的面前，展示我们独特的解决方案。同时，还可以通过视频、网络等与更多的人共同分享我们的收获。

评　价

姓名：__________ 班级：__________ 任务：__________

内容 \ 序号		1	2	3	4
探究	我对相关问题做出了最好的发现与回答，并做了记录				
创造	我竭尽全力搭建和修改模型，并努力解决了问题				
分享	我记录下了整个实验过程中的重要想法、保存了相关资料，并在展示模型的环节中做到了最好				
思考	我这次有进步，做得好的内容和下次需要改进的内容				

阅　读

这是一个通过 WeDo 2.0 控制器和电机搭建的一个直立行走的机器人，这个机器人可以通过两个机械脚向前行走（如图 6–3 所示），这个功能是通过蜗轮蜗杆机构来实现的。

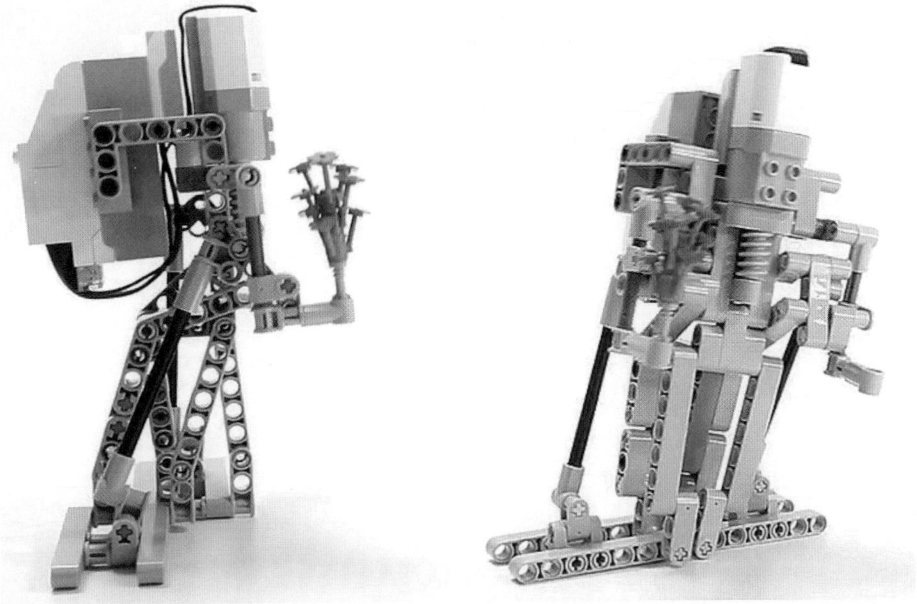

图 6–3　直立行走的机器人

蜗轮蜗杆机构常用来传递两个交错轴之间的运动和动力。蜗轮与蜗杆在其中间平面内相当于齿轮与齿条，蜗杆又与螺杆形状相似。蜗轮蜗杆机构的特点如下。

（1）可以得到很大的传动比，比交错轴斜齿轮机构紧凑。

（2）两轮啮合齿面间为线接触，其承载能力大大高于交错轴斜齿轮机构。

（3）蜗杆传动相当于螺旋传动，为多齿啮合传动，故传动平稳、噪声很小。

（4）具有自锁性。当蜗杆的导程角小于啮合轮齿间的当量摩擦角时，机构具有自锁性，可实现反向自锁，即只能由蜗杆带动蜗轮，而不能由蜗轮带动蜗杆。例如，在起重机械中使用的自锁蜗杆机构，其反向自锁性可起安全保护作用。

（5）传动效率较低，磨损较严重。蜗轮蜗杆啮合传动时，一方面啮合轮齿间的相对滑动速度大，故摩擦损耗大、效率低；另一方面，相对滑动速度大使齿面磨损严重、发热严重，为了散热和减小磨损，常采用价格较为昂贵的减磨性与抗磨性较好的材料及良好的润滑装置，因而成本较高。

（6）蜗杆轴向力较大。

第 7 课　开着赛车去旅行

学　习

汽车自 19 世纪末诞生以来，已经走过了风风雨雨的一百多年。汽车的发展也经历了一个漫长的历程，总的来说，汽车的发展史可分为蒸汽机发明、蒸汽汽车的问世、内燃汽车的诞生及其发展、现代汽车的大量生产、新能源汽车的发展等。

我们通常用速度来描述物体运动的快慢。你知道吗？在很久以前，汽车的速度还不如马的速度。从卡尔・本茨造出的第一辆三轮汽车 18 公里 / 小时的速度，到现在只需要 3 秒多就能加速到 100 公里 / 小时的超级跑车，这一百多年来，汽车发展的速度和汽车的行驶速度发展都是如此地惊人！

提示

把学习到的有关知识记录到文档中。

创　造

汽车的迅速发展改变了人们的生活方式，方便了交通，接下来，我们一起来搭建一个赛车机器人（如图 7–1 所示）。让它带着我们一起来了解什么因素会影响赛车的速度。

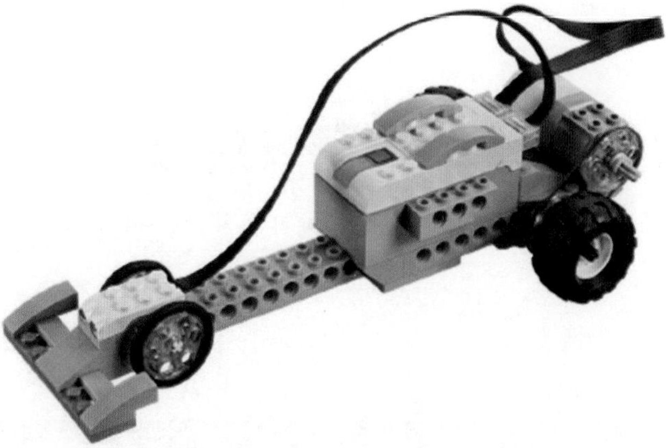

图 7–1　赛车机器人

预测

你觉得影响赛车速度快慢的因素有哪些呢？把你的猜测先记录到文档中。

提示

记得帮赛车机器人留下珍贵的照片或视频（例如，记录下搭建模型的重要步骤或最终的模型样品等）。

探　究

（1）变换电机的挡位(即调整电机功率的大小)，行驶距离固定不变（1米），记录所用时间（如表7–1所示）。

表 7–1　电机功率对车速的影响

电机功率	时　间
1	
5	
10	

结论：______________________________

（2）更改汽车配置（滑轮装置），行驶距离固定不变（1米），记录所用时间（如表7–2所示）。

表 7–2　滑轮配置对车速的影响

滑轮配置	时　间

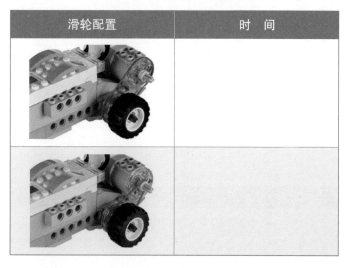

结论：____

（3）更改汽车配置（轮胎大小），行驶距离固定不变（1米），记录所用时间（如表7–3所示）。

表 7–3　车轮对车速的影响

轮　胎	时　间
小轮胎	
大轮胎	

结论：____

（4）探究其他因素。

学生可以使用同样的赛车模型和同样的装备，通过测试验证其他可能影响速度的因素（例如，汽车的宽度、长度、高度和质量等）。进行测试时要想使我们的赛车跑得更快，你有什么好的办法？想一想：你可以在哪些方面做出改进呢？把你的想法记录下来。

改进：

1. ______

2. ______

3. ______

提示

别忘记用文字、绘图、照片或视频记录下你的灵感、你的发现。

思　考

组织一场赛车比赛，选出最快的赛车，对其做进一步的研究（如图 7–2 所示）。

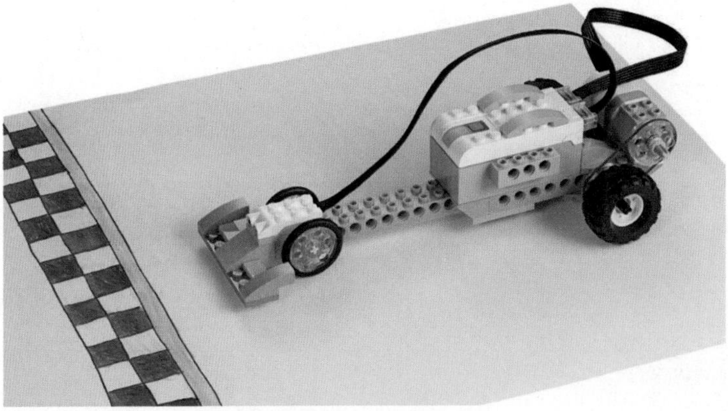

图 7–2　赛车比赛

提示

可以把你的思考或问题记录下来（例如，记录小组的重要工作和遇到的一些实验困难等）。

分　享

1 预测验证

回想一下，你在任务之初有哪些预测猜想？在任务完成之后，这些预测猜想是否得到了验证？在完成任务的过程中，你又有哪些新发现呢？

2 乐高文档

整理记录文档，把你在完成任务的过程中重要的照片、截图、视频或文字插入到文档中，把在此过程中的新发现、新思考、新方法也一并记录到文档中。

3 整理分享

可以通过多种方法、多种形式来分享自己的成果：展示任务的模型照片、记录任务关键部分的视频，和伙伴一起工作的照片文字，也可以通过手画表格或电子表格方式来收集数据。同时，还可以用图片的方式，展示实验结果。

评　价

姓名：__________　班级：__________　任务：__________

内容＼序号		1	2	3	4
探究	我对相关问题做出了最好的发现与回答，并做了记录				
创造	我竭尽全力搭建和修改模型，并努力解决了问题				
分享	我记录下了整个实验过程中的重要想法、保存了相关资料，并在展示模型的环节中做到了最好				
思考	我这次有进步，做得好的内容和下次需要改进的内容				

阅 读

这是一个利用 WeDo 2.0 器材制作的风力旋转装置，当电机转动时，风扇转动，带动上面的人做圆周运动，可以控制其向前或向后转动，这些是通过齿轮传动，改变力的方向来实现的。

齿轮传动是利用两个齿轮的轮齿相互啮合传递动力和运动的机械传动。按齿轮轴线的相对位置，可以分为平行轴圆柱齿轮传动、相交轴圆锥齿轮传动和交错轴螺旋齿轮传动。在所有的机械传动中，齿轮传动应用最广，可用来传递任意两轴之间的运动和动力，可以制造成圆柱、锥形、双曲面、螺旋、蜗杆、圆弧、摆线、行星等多种形式。

以下是常见的改变力方向的齿轮传动（如图 7–3 所示）。

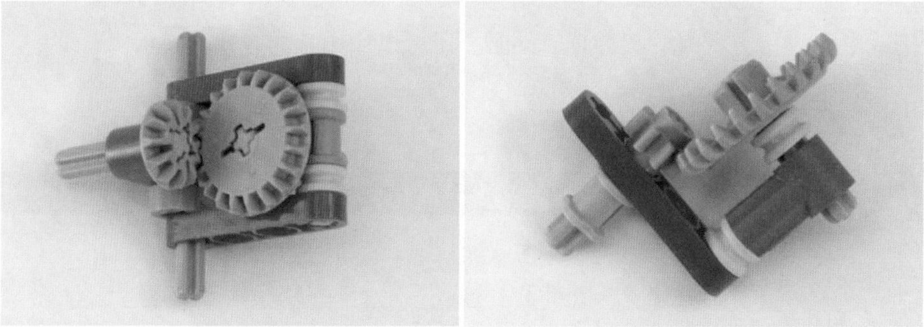

图 7–3　齿轮传动

第 8 课　直升机新体验

学　习

直升机在我们的生活中已经较为普遍，我们在生活中、电视中、书籍中经常会发现直升机的身影。同学们，你们知道直升机都有哪些用途吗?

最早研制并生产的直升机，应该算是通用直升机——即大多数工作都能做，但做任何工作都不是非常专业，比如可运输、可救援、可通信、可救护，加上武器也可进行攻击，但除了运输之外，直升机做其他工作都不十分“拿手”。于是在通用直升机的基础上，直升机逐渐的发展出了专用直升机，分别为运输直升机、搜救直升机、反潜直升机、预警直升机、通信直升机、武装直升机、警用直升机等，这些专用直升机已经成为人们生活中密不可分的好朋友。

提示

请把学习到的有关知识记录到文档中。

创　造

专用的搜救直升机，能更快速到达水路、陆路不可通达的作业现场，实施搜索救援、物资运送、空中指挥等工作。现在要制作一个营救直升机机器人（如图 8-1 所示）。下面让我们一起来重点了解一下皮带的传动作用。

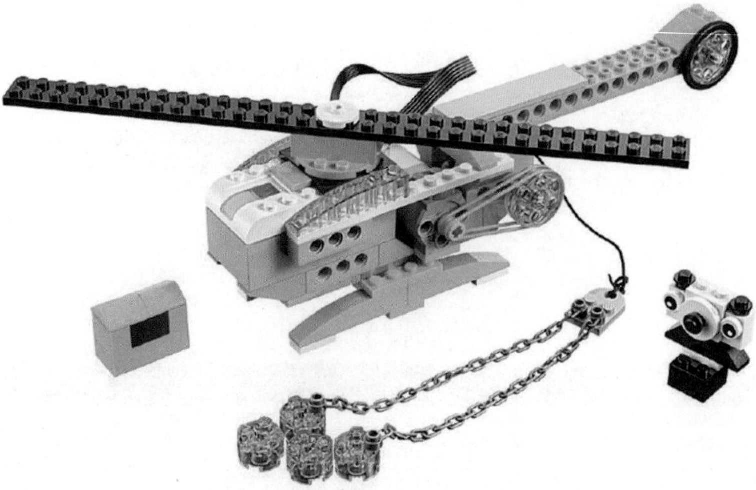

图 8–1 营救直升机机器人

提示

记得帮营救直升机机器人留下珍贵的照片或视频（例如，记录下搭建模型的重要步骤或最终的模型样品等）。

探 究

如果想要加快营救速度，想一想：怎样做出改进呢？

改进：

1. ______________________________

2. ______________________________

3. ______________________________

提示

别忘记用文字、绘图、照片或视频记录下你的灵感、你的发现。

思　考

1. 什么是传动?

2. 如何改变传动的速度?

组建合作：如图 8-2 所示，比一比哪个小组的传动速度更快？互相交流其中的经验。

图 8-2　传动组合

提示

你的思考或问题可以记录下来（例如，记录小组的重要工作和遇到的一些实验困难等）。

分　享

1 预测验证

回想一下，你在任务之初有哪些预测猜想？在任务完成之后，这些预测猜想是否得到了验证？在完成任务的过程中，你又有哪些新发现呢？

2 乐高文档

整理记录文档，把你在完成任务的过程中重要的照片、截图、视频或文字插入到文档中，把在此过程中的新发现、新思考、新方法也一并记录到文档中。

3 整理分享

我们可以通过多种方法、多种形式来分享自己的成果：展示任务的模型照片，记录任务关键部分的视频，和伙伴一起工作的照片文字……在老师和全班同学的面前，展示我们独特的解决方案。同时，还可以通过视频、网络等与更多的人共同分享我们的收获。

评　价

姓名：__________　班级：__________　任务：__________

内容 \ 序号		1	2	3	4
探究	我对相关问题做出了最好的发现与回答，并做了记录				
创造	我竭尽全力搭建和修改模型，并努力解决了问题				
分享	我记录下了整个实验过程中的重要想法、保存了相关资料，并在展示模型的环节中做到了最好				
思考	我这次有进步，做得好的内容和下次需要改进的内容				

阅　读

这是一个利用 WeDo 2.0 器材搭建的避障机器人（如图 8–3 所示），它可以向前行走，并且遇到障碍可以自己转弯，这是靠齿轮传动改变力的方向决定的。

传动轴是一个高转速、少支承的旋转体，因此它的动平衡是至关重要的。一般传动轴在出厂前都要进行动平衡试验，并在平衡机上进行了调整。对前置引擎后轮驱动的车来说，是把变速器的转动传到主减速器的轴，它可以是好几节的，节与节之间可以由万向节连接。

传动轴是由轴管、伸缩套和万向节组成。传动轴连接或装配各项配件，并且可移动或转动的圆形物体配件，一般均使用轻而抗扭性佳的合金钢管制成。

图 8-3　避障机器人

第9课　摇摆舞跳起来

学　习

力是物体之间的相互作用。力的大小、方向、作用点是力的三要素，力可以改变物体的运动方向的。比如，生活中我们经常会遇到这样的情况，我们需要往上用力把物体提起来，但借助装置后人们可以往下用力，把物体抬起来（如图 9–1 所示）。

图 9–1　生活实例

又如，用撬棒撬动重物。原本要将重物搬动，需要向上的力来把物体提起来，但使用了撬棒后，只需要向下用力就可以撬动重物（如图 9–2 所示）。

图 9–2　橇动重物

齿轮传动是利用两齿轮的轮齿相互啮合传递动力和运动的机械传动，运用齿轮传动也可以改变力的传递方向。

提示

请把学习到的有关知识记录到文档中。

创　造

力是有大小、方向和作用点的，而生活中我们经常需要改变力的方向来辅助人们进行作业。接下来，我们一起来搭建一个海豚（如图 9–3 所示），模拟海豚向前游水时摇摆的姿势，让它带着我们一起来研究、学习齿轮是如何改变力的方向的。

图 9–3　海豚

提示

记得帮海豚机器人留下珍贵的照片或视频（例如，记录下搭建模型的重要步骤或最终的模型样品等）。

探究

如果给海豚安装一个尾巴，使这个海豚机器人可以摇着尾巴摇摆前行，想一想：你能在哪些方面做出改进呢？

改进：

1. ______________________________

2. ______________________________

3. ______________________________

提示

别忘记用文字、绘图、照片或视频记录下你的灵感、你的发现。

思考

你知道还有哪些方法可以改变力的方向？

提示

可以把你的思考或问题记录下来（例如，记录小组的重要工作和遇到的一些实验困难等）。

分享

1 预测验证

回想一下，你在任务之初有哪些预测猜想？在任务完成之后，这些预测猜想是否得到了验证？在完成任务的过程中，你又有哪些新发现呢？

2 乐高文档

整理记录文档，把你在完成任务的过程中重要的照片、截图、视频或文字插入到文档中，把在此过程中的新发现、新思考、新方法也一并记录到文档中。

3 整理分享

我们可以通过多种方法、多种形式来分享自己的成果：展示任务的模型照片，记录任务关键部分的视频，和伙伴一起工作的照片文字……在老师和全班同学的面前，展示我们独特的解决方案。同时，还可以通过视频、网络等与更多的人共同分享我们的收获。

评 价

姓名：__________ 班级：__________ 任务：__________

内容 \ 序号		1	2	3	4
探究	我对相关问题做出了最好的发现与回答，并做了记录				
创造	我竭尽全力搭建和修改模型，并努力解决了问题				
分享	我记录下了整个实验过程中的重要想法、保存了相关资料，并在展示模型的环节中做到了最好				
思考	我这次有进步，做得好的内容和下次需要改进的内容				

阅 读

这是一个通过一个电机控制直走、转弯的机器人，这个功能是通过变换齿轮的位置来实现的（如图 9–4 所示）。

图 9-4　直走、转弯的机器人

动力系统 (Dynamical System) 是数学上的一个概念。在动力系统中存在一个固定的规则，描述了几何空间中的一个点随时间演化情况。例如，钟摆晃动、管道中水的流动，或者湖中每年春季鱼类的数量，凡此类的数学模型都是动力系统。在动力系统中有所谓状态的概念，状态是一组可以被确定下来的实数。状态的微小变动对应这组实数的微小变动。这组实数也是一种流形的几何空间坐标。动力系统的演化规则是被一组函数控制，它描述未来状态是如何依赖于当前状态的。这种规则是确定性的，即对于给定的时间间隔内状态只能演化出一个未来的状态。

第⑩课 聪明的水闸

学 习

地球上虽然 70.8% 的面积为水所覆盖，但淡水资源却非常有限。在全部水资源当中，97.5% 是咸水，无法直接饮用。而在余下的 2.5% 的淡水中，又有 87% 是人类难以利用的两极冰盖、高山冰川和永冻地带的冰雪。我们人类真正能够利用的只是江河湖泊以及地下水中的一部分，这一部分仅仅占地球总水量的 0.25% 左右，而且这些仅有水的水量分布不均；同时，降落到地上的雨水、雪水，三分之二左右被植物蒸腾和地面蒸发而消耗殆尽。

尽管雨水是人类生活中最重要的淡水资源之一，但是暴雨造成的洪水也会给人类带来巨大的灾难。

聪明的人类为了充分合理地利用降水，发明建造水坝，以用来在干旱时蓄水，洪水时泄洪。水坝是拦截江河渠道水流以抬高水位或调节流量的挡水建筑物，可形成水库，抬高水位、调节径流、集中水头，用于防洪、供水、灌溉、水力发电、改善航运等。水闸是水坝的一个重要组成部分，水闸是修建在河道和渠道上利用闸门开关来控制水位流量的装置——关闭闸门可以拦洪、挡潮或抬高上游水位，以满足灌溉、发电、航运、水产、环保、工业和生活用水等需要；开启闸门，可以宣泄洪水、涝水、弃水或废水，也可对下游河道或渠道供水。

提示

请把学习到的有关知识记录到文档中。

创 造

我们了解了生活中水坝和水闸的作用和工作原理，可以启发帮助我们在水闸的搭建制作中利用电机实现水闸的自动开启（如图 10–1 所示）。接下来，让我们一起了解体验：人类对水资源的合理利用和科技对人类生活产生的影响。

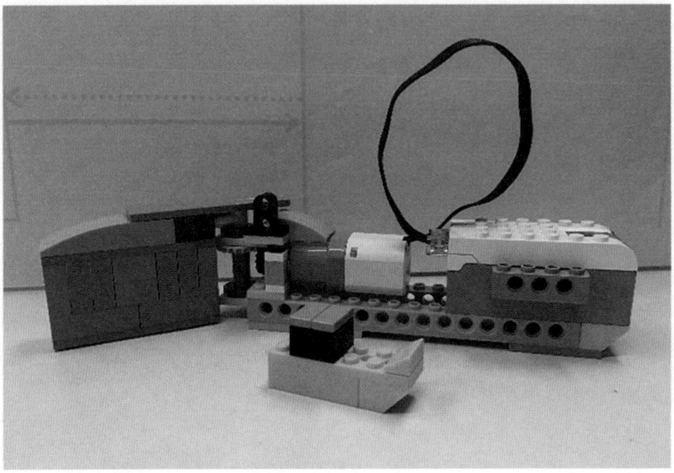

图 10–1　水闸

提示

记得帮水闸留下珍贵的照片或视频（例如，记录下搭建模型的重要步骤或最终的模型样品等）。

探 究

如果想让水闸更加智能，想一想：可以在哪些方面做出改进呢？

改进：

1. ______________________________

2. ______________________________

3. ______________________________

提示

别忘记用文字、绘图、照片或视频记录下你的灵感、你的发现。

思　考

1. 除了抵御洪水以外，水闸还有其他作用吗？
2. 建造水坝对地球有哪些不利影响？

提示

可以把你的思考或问题记录下来（例如，记录小组的重要工作和遇到的一些实验困难等）。

分　享

1 预测验证

回想一下，你在任务之初有哪些预测猜想？在任务完成之后，这些预测猜想是否得到了验证？在完成任务的过程中，你又有哪些新发现呢？

2 乐高文档

整理记录文档，把你在完成任务的过程中重要的照片、截图、视频或文字插入到文档中，把在此过程中的新发现、新思考、新方法也一并记录到文档中。

3 整理分享

我们可以通过多种方法、多种形式来分享自己的成果：展示任务的模型照片，记录任务关键部分的视频，和伙伴一起工作的照片文字……在老师和全班同学的面前，展示我们独特的解决方案。同时，还可以通过视频、网络等与更多的人共同分享我们的收获。

评　价

姓名：__________　班级：__________　任务：__________

内容 \ 序号		1	2	3	4
探究	我对相关问题做出了最好的发现与回答，并做了记录				
创造	我竭尽全力搭建和修改模型，并努力解决了问题				
分享	我记录下了整个实验过程中的重要想法、保存了相关资料，并在展示模型的环节中做到了最好				
思考	我这次有进步，做得好的内容和下次需要改进的内容				

阅　读

这是一个利用 WeDo 2.0 器材搭建的机器人，它可以模拟人骑自行车的状态，这个是通过简单机械臂来实现的（如图 10-2 所示）。

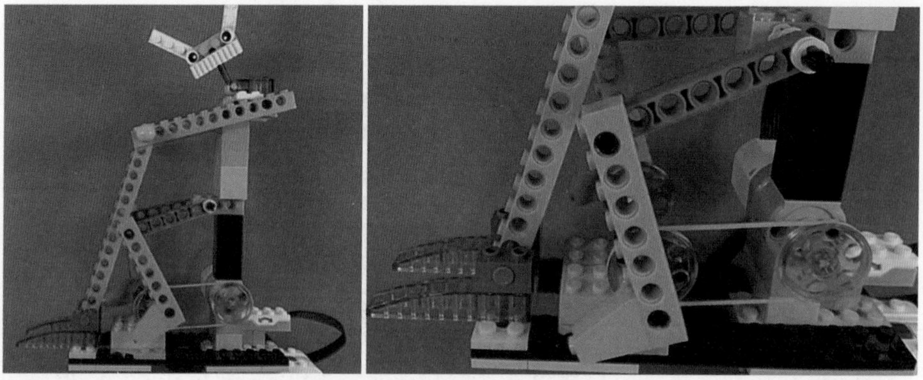

图 10-2　六自由度机械手臂

机械手臂是机器人技术领域中得到最广泛实际应用的自动化机械装置，在工业制造、医学治疗、娱乐服务、军事、半导体制造以及太空探索等领域都能见到它的身影。尽管它们的形态各有不同，但它们都有一个共同的特点，就是能够接收指令，精确地定位到三维（或二维）空间上的某一点进行作业。

机械手臂根据结构形式的不同分为多关节机械手臂、直角坐标系机械手臂、球坐标系机械手臂、极坐标机械手臂、柱坐标机械手臂等。图 10–2 为常见的六自由度机械手臂，由 *X* 移动、*Y* 移动、*Z* 移动、*X* 转动、*Y* 转动、*Z* 转动 6 个自由度组成。

第⑪课　不走寻常路之一

学　习

齿轮是轮缘上有齿，能连续啮合传递运动和动力的机械元件。齿轮在机械传动及整个机械领域中的应用非常广泛。现代齿轮技术已经达到非常高的水平，未来的齿轮正朝着能重载、高速度、高精度和高效率等方向进行发展，并且力求趋向齿轮的尺寸更小、质量更轻、寿命更长、更经济合算等。

齿条也是一种齿轮，只是它是一种齿分布在条形体上的特殊齿轮。齿条分为直齿齿条和斜齿齿条，分别与直齿圆柱齿轮和斜齿圆柱齿轮配对使用。齿轮条是一个齿条与圆形齿轮组合在一起的平面部件，这组齿轮结构改变了常规的旋转模式——齿轮的直线运动，当需要较大的传递动力和比较高的可靠性的时候，我们可以使用齿轮齿条的组合，以便提高工作的平稳性。

相关术语

轮齿（齿）——齿轮上的每一个用于啮合的凸起部分。一般来说，这些凸起部分呈辐射状排列。配对齿轮上轮齿互相接触咬合以实现齿轮的啮合运转。

齿槽——齿轮上两两相邻轮齿之间的空间。

传动比——互相啮合的两齿轮的转速之比，齿轮的转速与齿数成反比，一般以 n_1、n_2 表示两啮合齿数的转速。

提示

请把学习到的有关知识记录到文档中。

创　造

为了进行力的传动，改变力的方向，同时保持结构工作的平稳性，接下来，我们一起来搭建齿轮齿条结构（如图 11–1 所示），让我们一起体验齿轮齿条传动结构的组成和工作原理。

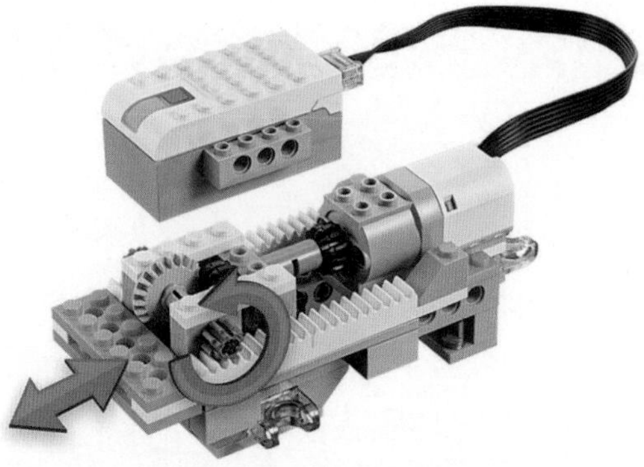

图 11–1　齿轮齿条结构

提示

记得帮齿轮齿条传动留下珍贵的照片或视频（例如，记录下搭建模型的重要步骤或最终的模型样品等）。

探　究

不同的齿轮进行组合可以改变速度或力的大小；齿轮与齿条的组合传动在实现更大的传递动力的同时还能够增加稳定性。齿轮、齿轮盒、蜗轮、蜗杆组合成的蜗轮蜗杆结构也是经常使用的结构，请尝试运用蜗轮蜗杆结构进行制作，关于今天的结构，你还有哪些改进？

改进：

1. ______________________________

2. ______________________________

3. ______________________________

提示

别忘记用文字、绘图、照片或视频记录下你的灵感、你的发现。

思　考

齿轮齿条传动与带传动相比的优点和缺点是什么？

提示

可以把你的思考或问题记录下来（例如，记录小组的重要工作和遇到的一些实验困难等）。

分　享

1 预测验证

回想一下，你在任务之初有哪些预测猜想？在任务完成之后，这些预测猜想是否得到了验证？在完成任务的过程中，你又有哪些新发现呢？

2 乐高文档

整理记录文档，把你在完成任务的过程中重要的照片、截图、视频或文字插入到文档中，把在此过程中的新发现、新思考、新方法也一并记录到文档中。

3 整理分享

我们可以通过多种方法、多种形式来分享自己的成果：展示任务的模型照片，记录任务关键部分的视频，和伙伴一起工作的照片文字……在老师和全班同学的面前，展示我们独特的解决方案。同时，还可以通过视频、网络等与更多的人共同分享我们的收获。

评　价

姓名：＿＿＿＿＿＿　班级：＿＿＿＿＿＿　任务：＿＿＿＿＿＿

内容 \ 序号		1	2	3	4
探究	我对相关问题做出了最好的发现与回答，并做了记录				
创造	我竭尽全力搭建和修改模型，并努力解决了问题				
分享	我记录下了整个实验过程中的重要想法、保存了相关资料，并在展示模型的环节中做到了最好				
思考	我这次有进步，做得好的内容和下次需要改进的内容				

阅　读

这是一个利用 WeDo 2.0 器材搭建的机器青蛙（如图 11–2 所示），它利用一个电机将动力传动到两个机械脚上，实现青蛙前进和后退。

还有常见的多足机器人，它是一种具有冗余驱动、多支链、时变拓扑运动机构，是模仿多足动物运动形式的特种机器人，是一种智能型机器人。它涉及生物科学、仿生学、机构学、传感技术及信息处理技术等的一门综合性

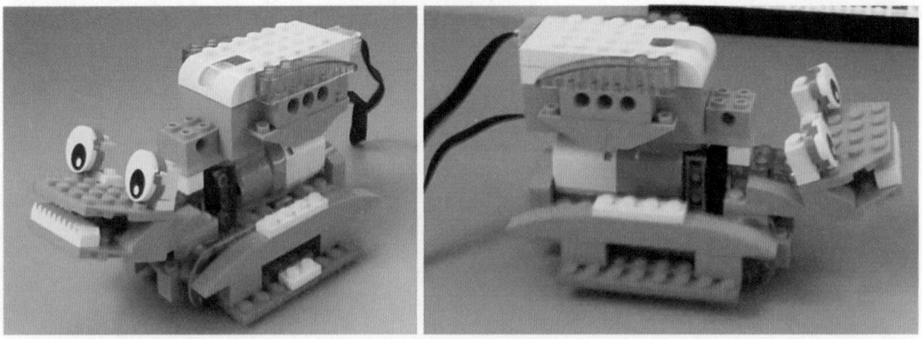

图 11–2　机器青蛙

高科技。所谓多足，一般指四足及四足其以上，常见的多足步行机器人包括四足步行机器人、六足步行机器人、八足步行机器人等。

多足步行机器人历经多年的发展，取得了长足的进步，归纳起来主要经历以下几个阶段。

第一阶段，以机械和液压控制实现运动的机器人。

第二阶段，以电子计算机技术控制的机器人。

第三阶段，多功能性和自主性的要求使得机器人技术进入新的发展阶段。

第⑫课　不走寻常路之二

学　习

电机也叫马达、电动机或发动机。它的工作原理是通过通电线圈在磁场中受力进行转动，带动起动机转子进行旋转，转子上的小齿轮带动发动机的飞轮进行旋转。电机是一种将电能转化成机械能，并可以再利用机械能产生动能，以此来驱动其他装置进行工作的电气设备。电机的种类非常繁多，但大致可分为交流电机和直流电机，分别用于不同的场合。电机按照运转速度可分为高速电机、低速电机、恒速电机、调速电机。

计算机程序，简称程序，是指一组指示计算机或其他具有信息处理能力装置执行动作或做出判断的指令，通常用某种程序设计语言编写，运行于某种目标体系结构上。计算机程序设计语言，通常简称编程语言，是一组用来定义计算机程序的语法规则。计算机语言让程序员能够准确地定义计算机所需要使用的数据，并精确地定义在不同情况下所应当采取的行动。

编程语言经历了漫长的发展，到今天仍处于不断的发展过程中，编程语言的每一次飞跃发展都会在编程思想、软件实现、交互方式等方面带来巨大的提升，未来的编程语言一定会更加简单、更加实用，人机交互会更友好。

乐高的 WeDo 2.0 是 WeDo 1.0 的后续之作，之前的 WeDo 1.0 是通过 USB 连接电脑进行控制，WeDo 2.0 增加了通过蓝牙连接平板电脑，我们可以在平板电脑上用拖拉编程图标的方式编写指令，通过指令控制机器人的各种动作。

提示

请把学习到的有关知识记录到文档中。

创 造

在前面的活动中，我们已经体验过电机作为搭建结构的重要组成部分，在给定的程序支配下可以为我们的结构模型提供大小不同的动力。接下来，我们要借助 WeDo 2.0 编程软件中的相关图标，初步学习简单的程序编写（如图 12–1 所示）来表达头脑中的想法。

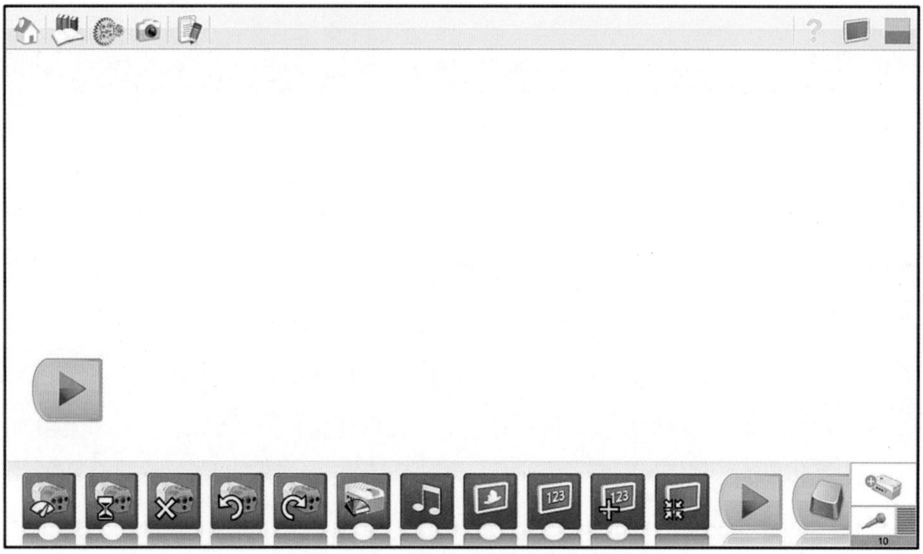

图 12–1　编程界面

在 WeDo 2.0 的编程界面的下方呈现了多个编程模块，我们先来认识其中的 4 个模块。

电机右转块：设置电机的轮轴向右旋转，直接单击此程序块，可以改变马达旋转方向。

电机左转块：设置电机的轮轴向左旋转。直接单击此程序块，可以改变电机旋转方向。

电机运行块：可通过输入数字来设定电机的运转时间，时间可以精确到小数点。

电机停止块：终止电机运行。

接下来，可以使用这 4 个模块编写简单的程序（如图 12-2 所示）。

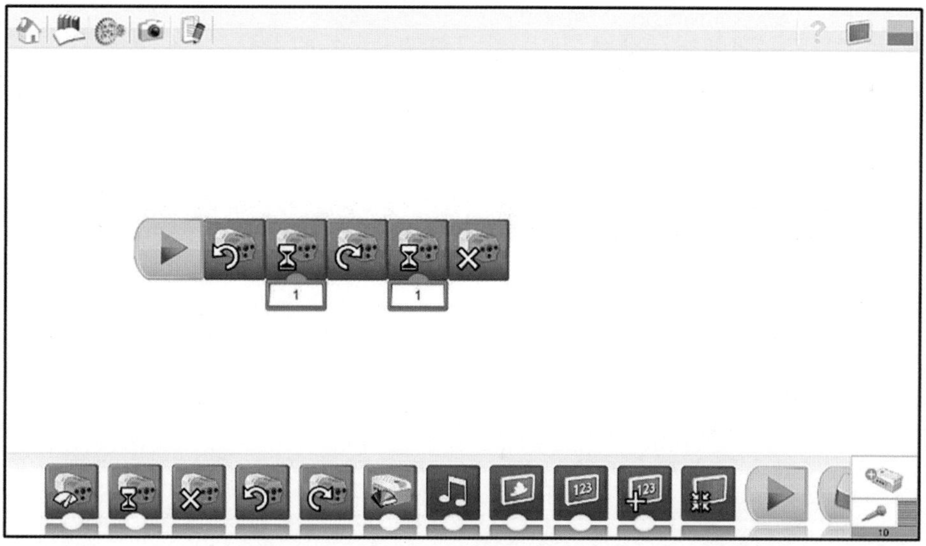

图 12-2　简单的程序

提示

记得帮机器人留下珍贵的照片或视频（例如，记录下搭建模型的重要步骤或最终的模型样品等）。

探　究

（1）尝试利用重复模块（循环模块）让电机持续展开工作（如图12-3所示）。

图 12-3　重复模块（循环模块的使用）

（2）关于编程软件的使用，你发现了什么？

提示

别忘记用文字、绘图、照片或视频记录下你的尝试、你的发现。

思　考

关于今天的程序，想一想你还有哪些改进？还有哪些发现？

改进和发现：

1. ____

2. ____

3. ____

提示

把你的思考或问题记录下来（例如，记录小组重要工作和遇到的一些实验困难等）。

分　享

1 预测验证

回想一下，你在任务之初有哪些预测猜想？在任务完成之后，这些预测猜想是否得到了验证？在完成任务的过程中，你又有哪些新发现呢？

2 乐高文档

整理记录文档，把你在完成任务的过程中重要的照片、截图、视频或文字插入到文档中，把在此过程中的新发现、新思考、新方法也一并记录到文档中。

3 整理分享

我们可以通过多种方法、多种形式来分享自己的成果：展示任务的模型照片，记录任务关键部分的视频，和伙伴一起工作的照片文字……在老师和全班同学的面前，展示我们独特的解决方案。同时，还可以通过视频、网络等与更多的人共同分享我们的收获。

评　价

姓名：＿＿＿＿＿＿　班级：＿＿＿＿＿＿　任务：＿＿＿＿＿＿

内容 \ 序号		1	2	3	4
探究	我对相关问题做出了最好的发现与回答，并做了记录				
创造	我竭尽全力搭建和修改模型，并为其编写程序，最终解决了问题				
分享	我记录下了整个实验过程中的重要想法、保存了相关资料，并在展示模型的环节中做到了最好				
思考	我这次有进步，做得好的内容和下次需要改进的内容				

阅　读

图 12-4 所示的是一个利用 WeDo 2.0 器材制作的爬行机器人，它可以通过齿轮转动带动两个机械腿的运动，从而实现爬行的动作。

图 12-4　爬行机器人

仿生机器人是指模仿生物、从事生物特点工作的机器人。目前，在西方国家，机械宠物十分流行，例如，仿麻雀机器人可以担任环境监测的任务，具有广阔的开发前景。21 世纪，人类逐渐进入老龄化社会，发展仿生机器人将弥补年轻劳动力的严重不足，解决老龄化社会的家庭服务和医疗等社会问题，并能开辟新的产业，创造新的就业机会。下面介绍一些常见的仿生机器人。

1 机械蟑螂

科学家们发现，蟑螂在高速运动时，每次只有 3 条腿着地，一边两条，一边一条，循环反复。根据这个原理，仿生学家制造出机械蟑螂，它不仅每秒能够前进 3 米，而且平衡性非常好，能够适应各种恶劣环境。相信在不远的将来，太空探索或排除地雷，就是它的用武之地。

2 机器梭子鱼

麻省理工学院的机器梭子鱼，是世界上第一个能够自由游动的机器鱼。它大部分是由玻璃纤维制成的，上覆一层钢丝网，最外面是一层合成弹力纤维。尾部由弹簧状的锥形玻璃纤维线圈制成，从而使这条机器梭子鱼既坚固又灵活。一台伺服电动机为这条机器梭子鱼提供动力。

3 机器蛙

机器蛙腿的膝部装有弹簧，能像青蛙那样先弯起腿，再一跃而起。机器蛙在地球上一跃的最远距离是 2.4 米；而在火星上，由于火星的重力大约为地球的 1/3，机器蛙的跳远成绩则可达 7.2 米，接近人类的跳远世界纪录。

4 机器蜘蛛

机器蜘蛛是太空工程师从蜘蛛攀墙特技中得到灵感而创造出的。它安装有一组天线模仿昆虫触角，当它迈动细长的腿时，这些触角可探测地形和障碍。机器蜘蛛的原形很小，直立高度仅 18 厘米，比人的手掌大不了多少。这些“蜘蛛侠”们不仅能攀爬太空越野车无法到达的火星陡坡地形，而且成本也经济许多。未来，太空“蜘蛛侠”将会遍布在火星的各个角落。

5 机器金枪鱼

机器金枪鱼是麻省理工学院自“查理”之后在机器鱼研制方面取得的最

新成果。这个新原形拥有柔软的身体，体内只装有 1 台发动机以及 6 个移动部件，使其能够在更大程度上模拟真实鱼的移动。

6 机器壁虎

机器壁虎作为一种体积小、行动灵活的新型智能机器人，有可能在不久的将来广泛应用于搜索、救援、反恐，以及科学实验和科学考察。这种机器壁虎能在各种建筑物的墙面、地下和墙缝中垂直上下迅速攀爬，或者在天花板下倒挂行走，对光滑的玻璃、粗糙或者粘有粉尘的墙面以及各种金属材料表面都能够适应，能够自动辨识障碍物并规避绕行，动作灵活逼真。

7 机器水母

美国海军研究办公室研制一种机器水母，它可用于监测水面舰船和潜艇，探测化学溢出物，以及监控回游鱼类的动向。这些机器水母是由生物感应记忆合金制成的细线连接，当这些金属细线被加热时，就会像肌肉组织一样收缩。

第13课　非常起重机之一

学　习

在生活中我们经常见到物品搬运的场景，怎样才能搬运超重超大的物体呢？通常我们会看到叉车、起重机等工具，在这些工具中会用到蜗轮蜗杆结构。

什么是蜗轮蜗杆？蜗轮蜗杆机构常用来传递两个交错轴之间的运动和动力。蜗轮与蜗杆在其中间平面内相当于齿轮与齿条，蜗杆又与螺杆形状相似。

蜗轮蜗杆的作用：蜗轮的旋转轴线与蜗杆的选装轴线垂直，呈 90°，可以得到很大的传动比。这种结构比交错轴斜齿轮机构紧凑，两轮啮合齿面间为线接触，其承载能力大大高于交错轴斜齿轮机构。蜗杆传动相当于螺旋传动，为多齿啮合传动，所以这个结构传动时缓慢平稳，产生的噪声特别小，当蜗杆的导程角小于啮合轮齿间的当量摩擦角时，机构具有自锁性，即只能由蜗杆带动蜗轮，而不能由蜗轮带动蜗杆。这个结构还可实现反向自锁，反向自锁性可起安全保护的作用。

提示

请把学习到的有关蜗轮蜗杆的知识记录到文档中。

创　造

使用蜗轮蜗杆可以得到很大的传动比，并且其结构具有自锁性。接下来，设计一个起重机（如图 13–1 所示），通过起重机来了解什么是蜗轮蜗杆结构。

图 13-1　起重机

提示

记得帮起重机机器人留下珍贵的照片或视频（例如，记录下搭建模型的重要步骤或最终的模型样品等）。

探　究

我们的起重机如果想要拉动更多的重物，它应该怎么办呢？想一想：你能帮助它在哪些方面做出改进呢？

改进：

1. ______

2. ______

3. ______

提示

别忘记用文字、绘图、照片或视频记录下你的灵感、你的发现。

思　考

1. 蜗轮的结构如何固定（如图 13-2 所示）？

2. 蜗轮蜗杆是怎样实现自锁功能的？

图 13-2　蜗轮蜗杆结构的固定方法

提示

可以把你的思考或问题记录下来（例如，记录小组的重要工作和遇到的一些实验困难等）。

分　享

1 预测验证

回想一下，你在任务之初有哪些预测猜想？在任务完成之后，这些预测猜想是否得到了验证？在完成任务的过程中，你又有哪些新发现呢？

2 乐高文档

整理记录文档，把你在完成任务的过程中重要的照片、截图、视频或文字插入到文档中，把在此过程中的新发现、新思考、新方法也一并记录到文档中。

3 整理分享

我们可以通过多种方法、多种形式来分享自己的成果：展示任务的模型照片、记录任务关键部分的视频，和伙伴一起工作的照片文字……在老师和全班同学的面前，展示我们独特的解决方案。同时，还可以通过视频、网络等与更多的人共同分享我们的收获。

评　价

姓名：__________　班级：__________　任务：__________

内容 \ 序号		1	2	3	4
探究	我对相关问题做出了最好的发现与回答，并做了记录				
创造	我竭尽全力搭建和修改模型，并努力解决了问题				
分享	我记录下了整个实验过程中的重要想法、保存了相关资料，并在展示模型的环节中做到了最好				
思考	我这次有进步，做得好的内容和下次需要改进的内容				

阅 读

如果你想为 EV3 机器人编写程序，可以购买此书学习。这本书面向的是想进一步深度学习的初学者，本书能帮助你理解什么是 EV3 程序以及如何使用它。

这本书的作者特里·格里芬是一位有着 20 多年工作经验的软件工程师，他把大部分时间都花在创建控制各种类型机器人的软件上。他获得了麻省理工学院计算机科学硕士学位，曾在大学和成人教育中教授过编程。作为一个终身乐高爱好者，他曾编写过《LEGO MINDSTORMS NXT 程序设计艺术》（No Starch 出版公司出版）一书，帮助自己的妻子在中学教授科学和数学知识，并且在她的教学中应用了很多机器人技术。

第14课　非常起重机之二

学　习

蜗轮蜗杆是一种减速传动装置，它可以得到很大的传动比，但传动效率较低，磨损较严重。齿轮传动机构的减速比一般远小于蜗轮蜗杆传动，所以蜗轮蜗杆传动机构的输出力矩更大。

在蜗轮蜗杆的传动中，

蜗轮的转速 / 蜗杆的转速 = 蜗杆的头数 / 蜗轮的齿数

对单头蜗杆来说，蜗轮齿数为 n 时，蜗杆转一圈，蜗轮转过 $1/n$ 圈，即单头蜗轮蜗杆减速比为蜗轮齿数的倒数。

程序设计的一般步骤如下。

（1）分析问题：对任务进行分析，分析最后应达到的目标，找出解决方法。

（2）逻辑梳理：理清思路，设计出解决问题的方法和具体步骤。

（3）程序编写：根据逻辑梳理的内容进行具体程序编写。

（4）运行程序：对运行的结果进行分析，看是否符合要求。若不符合，则需要进行修改、测试，直至结果正确。

提示

请把学习到的有关知识记录到文档中。

创　造

在前面的活动中，我们已经体验过蜗轮蜗杆的搭建结构，接下来，继续研究起重机，通过程序模块来了解如何运用程序来控制起重机的抬升和降落。

起重机抬起或降落的程度需要用到 WeDo 2.0 中的等待模块控制来完成任务。

等待模块：可以使用此程序块来等待下一个程序的运行，可以输入所需等待的时间或插入传感器。此程序块总是需要插入附加功能块来运行。

等待模块 + 数字附加功能块：配合插入数字附加功能块一起使用，表示等待的具体时间。

等待模块 + 传感器模块：配合传感器一起使用，表示等待的一种状态，直到状态发生改变，才能执行后续程序。

等待模块 + 随机插入功能块：配合随机插入附加功能块一起使用，表示等待时间的随机性。

如何编辑程序实现起重机的抬升或降落呢？

建议程序：当程序开始后，电机转动后停止（如图 14–1 所示）。

图 14–1　程序

提示

记得帮起重机机器人留下珍贵的照片或视频（例如，记录下编程时的重要步骤和最终的模型样品等）。

探 究

如果想用起重机搬运重物，需要进行完整的一次抬升和降落操作，想一想：怎样进行分解动作？程序上应做哪些改变？

改进：

1. ______________________________

2. ______________________________

3. ______________________________

提示

别忘记用文字、绘图、照片或视频记录下你的灵感、你的发现。

思 考

1. 如果运用传感器当作起重机的启动装置，你需要做哪些改进？
2. 在程序上应如何控制？

提示

可以把你的思考或问题记录下来（例如，记录小组的重要工作和遇到的一些实验困难等）。

分　享

1 预测验证

回想一下，你在任务之初有哪些预测猜想？在任务完成之后，这些预测猜想是否得到了验证？在完成任务的过程中，你又有哪些新发现呢？

2 乐高文档

整理记录文档，把你在完成任务的过程中重要的照片、截图、视频或文字插入到文档中，把在此过程中的新发现、新思考、新方法也一并记录到文档中。

3 整理分享

我们可以通过多种方法、多种形式来分享自己的成果：展示任务的模型照片，记录任务关键部分的视频，和伙伴一起工作的照片文字……在老师和全班同学的面前，展示我们独特的解决方案。同时，还可以通过视频、网络等与更多的人共同分享我们的收获。

评　价

姓名：__________　班级：__________　任务：__________

内容 \ 序号		1	2	3	4
探究	我对相关问题做出了最好的发现与回答，并做了记录				
创造	我竭尽全力搭建和修改模型，并为其编写程序，努力解决了问题				
分享	我记录下了整个实验过程中的重要想法、保存了相关资料，并在展示模型的环节中做到了最好				
思考	我这次有进步，做得好的内容和下次需要改进的内容				

阅　读

《乐高机器人 EV3 创意搭建指南》被乐高机器人的初学者奉为入门学习的“宝典”。作者五十川芳仁是被乐高迷所熟知的人物。书中介绍的机械结构知识，不仅给初学者提供大量搭建实例和学习内容，并且对于有一定技术水平的专业人士来说也是非常好的学习资料。这本书中的每个模型只是一个小结构，但是你可以将这些想法组合起来，做出无限种的大型模型。乐高的积木并不是为某个特定的场所或某种特定的搭建方法而设计的，在使用乐高积木进行搭建时，初学者的想象力是非常重要的。书中列出每一个模型的搭建零件，但没有给出搭建步骤。你可以观察这些从不同角度拍摄的照片，并尝试重新搭建模型。这种搭建方式就像在解谜题一样，从而让读者提高自己的机械搭建技巧。

五十川芳仁是一位有 46 年搭建经验的知名乐高玩家，他也是“虎之卷”系列搭建书籍的作品。同时，他还出版了很多日语的乐高书籍。

第15课　勤劳的吊车之一

学　习

生活中有很多的高楼大厦，在工人建造这些高层建筑的时候都需要一个大力士——吊车。吊车可以把很重的物体从地面搬运到很高的地方，有了吊车的帮助，各项目工程重量级、体积庞大的货物吊装问题就迎刃而解了。那么，为什么吊车会有这么大的力气呢？

吊车上除了有动力强劲的电机以外，还需要有滑轮组，既有定滑轮，又有动滑轮。定滑轮用来改变受力方向，但它并不省力；而动滑轮作用起来虽然慢，但省力，它是定滑轮力的一半。

提示

请把学习到的有关定滑轮、动滑轮的知识记录到文档中。

创　造

通过学习，我们知道定滑轮可以改变力的方向，不能改变大小；而动滑轮可以改变力的大小和方向。接下来，我们制作一辆吊车（如图 15-1 所示），让它带着我们一起了解滑轮和滑轮传动。

图 15-1　吊车

1 搭建吊车的底盘

吊车的底盘主要由 WeDo 2.0 中的智能集线器、电机、梁、板、齿轮等零件组成（如图 15-2 所示）。

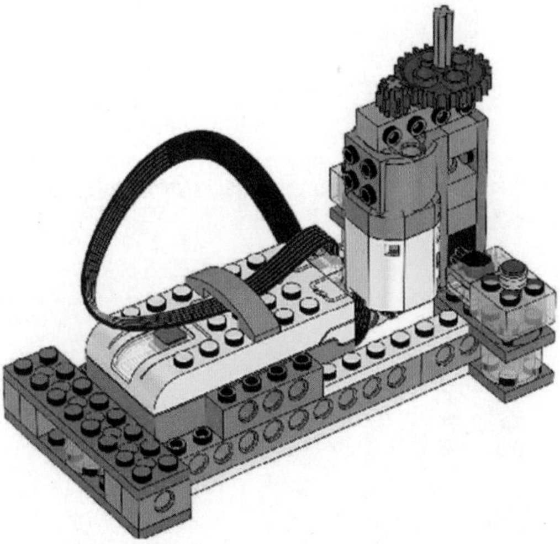

图 15-2 吊车的底盘

2 搭建吊车的车身

吊车的车身主要由梁、板、卷线轴、双槽滑轮等零件组成（如图 15-3 所示）。

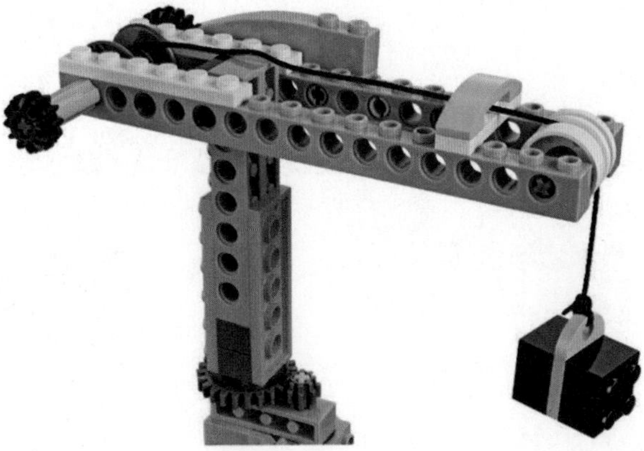

图 15-3 吊车的车身

提示

记得在制作吊车的过程中留下珍贵的照片或视频（例如，记录下搭建模型的重要步骤或最终的模型样品等）。

探　究

想一想：如果想要吊车很顺利地完成吊装任务，你应该怎么操作它呢？

操作方法：

1. ______________________________

2. ______________________________

3. ______________________________

提示

别忘记用文字、绘图、照片或视频记录下你的灵感、你的发现。

思　考

1. 如何找到定滑轮的位置？
2. 定滑轮是如何工作的？

提示

可以把你的思考或问题记录下来（例如，记录小组的重要工作和遇到的一些实验困难等）。

分　享

1 预测验证

回想一下，你在任务之初有哪些预测猜想？在任务完成之后，这些预测猜想是否得到了验证？在完成任务的过程中，你又有哪些新发现呢？

2 乐高文档

整理记录文档，把你在完成任务的过程中重要的照片、截图、视频或文字插入到文档中，把在此过程中的新发现、新思考、新方法也一并记录到文档中。

3 整理分享

我们可以通过多种方法、多种形式来分享自己的成果：展示任务的模型照片，记录任务关键部分的视频，和伙伴一起工作的照片文字……在老师和全班同学的面前，展示我们独特的解决方案。同时，还可以通过视频、网络等与更多的人共同分享我们的收获。

评　价

姓名：____________　班级：____________　任务：____________

内容＼序号		1	2	3	4
探究	我对相关问题做出了最好的发现与回答，并做了记录				
创造	我竭尽全力搭建和修改模型，并努力解决了问题				
分享	我记录下了整个实验过程中的重要想法、保存了相关资料，并在展示模型的环节中做到了最好				
思考	我这次有进步，做得好的内容和下次需要改进的内容				

阅　读

通过《乐高机器人 EV3 创意实验室》，你能更直观、更迅速地掌握乐高 EV3 机器人的精髓，并通过本书可以搭建和设计 5 个很酷的机器人。

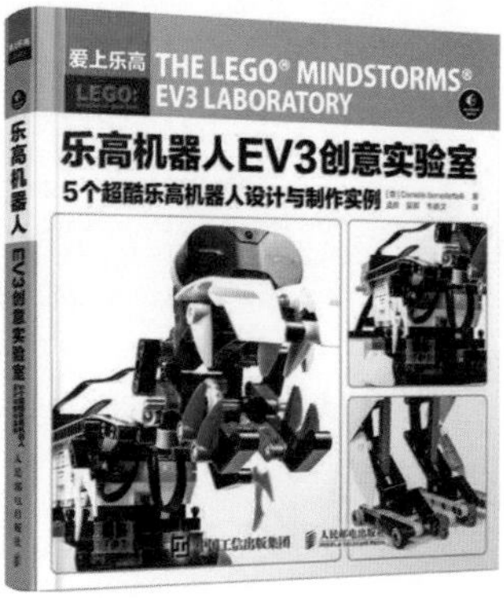

（1）ROV3R，一辆可以巡线、避障的机器人小车，可以用它打扫房间。

（2）WATCHGOOZ3，双足机器人，它可以只在EV3主控上编写应用程序（无须电脑），你可以用它来巡逻整个房间。

（3）SUP3R车，这是一辆后轮驱动的装甲轿车，还配有一个符合人体工程学的双杆遥控器。

（4）SENTIN3L，三轮全向步行车，通过分辨颜色执行不同的“命令”。

（5）T-R3X，一个可怕的双足机器人，会发现和追捕猎物。

第16课　勤劳的吊车之二

学　习

在吊运物品时，起重机会根据需要进行调整起重机的速度。当轻载或者空钩时，为了节省时间，起重机需要较高的工作速度。如果吊运的物品比较重或者是危险物品时，则需要较低的工作速度，这样才更安全可靠。因此，依据人们的需求不同，起重机的类型也不同，转动方式和调速方式也不同。下面介绍几种常用的或者具有发展前景的调速方法。

（1）机械变速。变速减速器在减速器高速轴上安装牙嵌式离合器或者采用滑动齿轮进行速度转换。

（2）液压传动速度控制。这种调速方法简单、可靠、调速范围大，可实现无级调速和速度的微调。其缺点是节流功率损失较大，且液压系统也比较复杂，制造成本较高。

电机的功率，一般指的是它的额定功率，即在额定电压下能够长期正常运转的最大功率，也是指电动机在制造厂所规定的额定情况下运行时，其输出端的机械功率，单位一般为千瓦（kW）。电动机的功率，应根据生产机械所需要的功率来选择，选择时应注意以下两点。

（1）电机功率过小，时间长了，电机处于过载状态，绝缘地方会因为发热而损坏，电机也容易被烧毁。

（2）电机功率过大，这样输出的机械功率不能得到充分利用，会造成电能浪费。

编程过程中用到的一些思维方式。

（1）框架思维，即编写一段程序，需要有一个大体框架。如同建一栋楼，需要首先搭脚手架一样。

（2）拆解思维，是一个复杂的问题，看起来千头万绪没有思路，这时需要将复杂的问题拆解成一个个简单的问题，再逐个击破。

（3）函数思维，即许多会被重复使用到的运算过程被存储为标准化的函数，下次再有需要时就可直接调用，只需要改动输入的自变量即可。

提示

请把学习到的有关知识记录到文档中。

创　造

在前面的活动中，我们已经体验过滑轮和滑轮传动的搭建结构，并且知道吊车在吊运物品时，要根据需要及调整吊车的速度，接下来，我们继续研究吊车，让它带着我们一起了解如何运用程序调整控制滑轮和滑轮传动速度（如图 15-1 所示）。

提示

记得在给吊车编程的过程中留下珍贵的照片或视频（例如，记录下编程过程中的重要步骤或最终模型样品）。

探　究

在 WeDo 2.0 中我们用电机控制吊车的转向，吊车的绳索吊装就需要动手帮助完成任务。控制吊车转向的方向和速度是特别重要的，要稳而准确，不然吊车就会出现重大的事故。

接下来，我们要对吊车进行编程，想一想如何运用程序控制电机的速度呢?

插入数字功能块：输入所需的数字，插入其他程序块下方配合一起使用。

电机功率模块：设定电机的运转功率，可以通过插入数字模块输入数字 0 ～ 10 来选择电机功率。值越大，电机功率就越大。

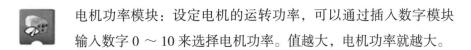

闪灯模块：智能集线器上的 LED 闪灯可以发出不同的颜色的灯光。可以通过设定的 0 ～ 10 个数字来选择灯光的颜色。

如何编辑程序实现吊车动物品呢？

建议程序：当程序开始时，电机以电机能量为 8 的速度转动 2 秒后停止；当程序再次开始时，电机以电机能量为 6 的速度反转 2 秒后停止。

提示

别忘记用文字、绘图、照片或视频记录下你的灵感、你的发现。

思　考

运用闪灯模块进行提示，当吊车进行作业时，闪灯发出红色灯光提示危险，避免人群靠近；当吊车完成作业后，闪灯发出绿色灯光提示危险解除。想一想：在程序上如何实现？

____

____

提示

可以把你的思考或问题记录下来（例如，记录小组的重要工作和遇到的一些实验困难等）。

分　享

1 预测验证

回想一下，你在任务之初有哪些预测猜想？在任务完成之后，这些预测猜想是否得到了验证？在完成任务的过程中，你又有哪些新发现呢？

2 乐高文档

整理记录文档，把你在完成任务的过程中重要的照片、截图、视频或文字插入到文档中，把在此过程中的新发现、新思考、新方法也一并记录到文档中。

3 整理分享

我们可以通过多种方法、多种形式来分享自己的成果：展示任务的模型照片，记录任务关键部分的视频，和伙伴一起工作的照片文字……在老师和全班同学的面前，展示我们独特的解决方案。同时，还可以通过视频、网络等与更多的人共同分享我们的收获。

评　价

姓名：__________　班级：__________　任务：__________

内容 \ 序号		1	2	3	4
探究	我对相关问题做出了最好的发现与回答，并做了记录				
创造	我竭尽全力搭建和修改模型，并为其编写程序，努力解决了问题				
分享	我记录下了整个实验过程中的重要想法、保存了相关资料，并在展示模型的环节中做到了最好				
思考	我这次有进步，做得好的内容和下次需要改进的内容				

阅 读

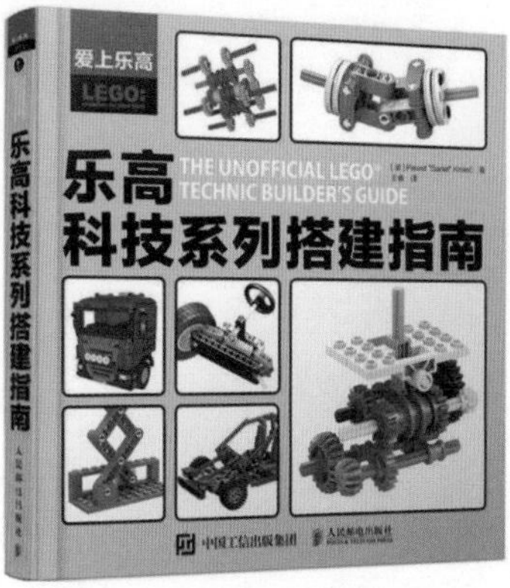

《乐高科技系列搭建指南》深入讲解了机械原理，如扭矩、电源转化、齿轮比等。书中精美的插图可以激发读者的想象力，搭建出像带悬架的坦克、跑车、吊车和推土机等令人惊叹的机械装置。

保罗·沙利尔·克密科是生活在波兰华沙的一位乐高科技系列玩家。作为一名多产的博主和模型搭建师，沙利尔的乐高作品曾刊登在很多杂志及世界闻名的乐高博客上，甚至乐高集团在开发一些新产品时也需要听取他的意见。沙利尔是官方乐高科技系列网站的客座博主，同时，他也是2012年波兰乐高大使。他的视频在YouTube乐高科技系列分类里点击率排名第一。